高等学校电子信息类系列教材

电工电子实践基础教程

主　编　徐长英　杨作文

参　编　谌建生　王　艳　徐国荣　赵　晟

　　　　王亦钧　管伯升　张劲松

主　审　向　瑛

U0378906

西安电子科技大学出版社

内 容 简 介

电工电子实训是一门实践性、实用性很强的课程。本书以介绍电工基本工艺知识和电子产品装配技能为主,对电子产品制作过程及工艺做了较为全面的介绍。本书分为电工实践与电子实践两篇,主要内容包括供电和用电基本知识,电工仪器仪表的使用与测量,三相正弦交流电路,三相异步电动机的控制,汽车电路、电器实践,电子技术工程实践基础知识,收音机及电话的组装,共7章。

本书可作为高等学校电子信息类规划教材,同时还适合高中以上电子爱好者阅读。

图书在版编目(CIP)数据

电工电子实践基础教程/徐长英,杨作文主编. —西安:西安电子科技大学出版社,
2013.9(2021.8 重印)
ISBN 978 - 7 - 5606 - 3204 - 9

Ⅰ.① 电… Ⅱ.① 徐… ② 杨… Ⅲ.① 电工技术—高等学校—教材 ② 电子技术—
高等学校—教材 Ⅳ.① TM ② TN

中国版本图书馆 CIP 数据核字(2013)第 217148 号

策划编辑 李 伟
责任编辑 马武装 滕卫红 李 伟
出版发行 西安电子科技大学出版社(西安市太白南路 2 号)
电　　话 (029)88202421 88201467 邮　　编 710071
网　　址 www.xduph.com 电子邮箱 xdupfxb001@163.com
经　　销 新华书店
印刷单位 陕西日报社
版　　次 2013 年 9 月第 1 版　 2021 年 8 月第 12 次印刷
开　　本 787 毫米×1092 毫米　 1/16　 印张 10.5
字　　数 243 千字
印　　数 26 301～29 300 册
定　　价 28.00 元
ISBN 978 - 7 - 5606 - 3204 - 9/TM
XDUP 3496001-12
如有印装问题可调换

前　　言

　　进入新世纪以来，以培养高素质人才为己任的高等教育有了突飞猛进的发展，并为我国社会经济发展做出了杰出的贡献。由于我国"高等教育质量还不能完全适应经济社会发展的需要，不少高校的专业设置和结构不尽合理，学生的实践能力和创新精神亟待加强"。因此，教育部提出改革人才培养模式，以达到提高学生实践能力和创新能力之目标。

　　根据教育部的改革精神，南昌航空大学工程训练中心电工电子实训部对已使用多年的自编校本教材《电工电子技术实习指导书》进行了大胆创新，在原有电工电子实践技术中需要重点掌握的知识要点实训的基础上，结合本训练中心老师自主开发的实训教学仪器——机床电器实训台、家居模拟配电实训台和汽车电器实训台等进行教学知识点讲解，从而大大提高了学生实训的目标性和趣味性。

　　本书根据电工电子实训实践性、实用性均很强的要求，不仅对电工基本工艺知识和电子产品装配技能，电子产品制作过程及工艺，包括常用电子元器件的识别、测量、选用及常见故障的判断与排除做了较为全面的介绍，而且还介绍了常用仪器仪表的使用方法，安全生产等知识，并安排了电子产品的焊接及相关的实训。

　　根据我校近 6 年实践证明，本书在提高学生综合素质，培养学生创新精神和实践能力，圆满实现课程目标等方面发挥了积极作用。

　　本书具有以下特点：

　　(1) 重点突出，实践性强。本书始终围绕电工电子技术人员需要掌握的基本技能实施教学。

　　(2) 内容广泛，实用性强。本书介绍了电工电子实训的主要知识，例如供配电知识、安全用电知识、电子元器件检测、焊接技术及电子产品装配调试实训，尤其是结合日常家庭用电中遇到的问题讲解了家居配电的常识。

　　(3) 项目教学，注重动手。本书将知识讲解融入实训项目，结合学生特点和知识点，利用外购教学设备和自制实训台将电工操作知识深入浅出地传授给学生，同时考察了学生动手操作的能力。

　　(4) 特色鲜明，立足创新。本书根据电工电子实训的要求，借助本中心开发的平台，不仅高效地实现了电工电子实训目标，而且培养了学生的创新精神。

本书既可以作为教学参考书，又可以作为实践指导资料，是电工电子实践基本技能培训和入门指导，具有很强的实用性。

本书由徐长英、杨作文担任主编，向瑛教授主审，南昌航空大学工程训练中心谌建生、王艳、徐国荣、赵晟、王亦钧等参与编写，最后由主编负责全书的统纂定稿。

在本书的编写及出版过程中，南昌航空大学教务处、工程训练中心和电工电子实训部的各位同仁，以及西安电子科技大学出版社给予了大力支持与帮助，并提出许多宝贵意见。特别是向瑛教授不仅对全书进行了逐字审阅，而且给予了诸多具体指导，在此一并表示诚挚的感谢。

虽然本书作为校内教材在南昌航空大学已使用 7 年，但由于电工电子实验技术的不断发展及编者水平所限，本书难免有疏误之处，恳请广大读者批评指正。

作　者

2013 年 6 月

目　录

第一篇　电工实践

第二篇　电　子　实　践

第一篇

电 工 实 践

第一章 供电和用电基本知识

1.1 电力系统概述

电力工业发展初期，电能直接来源于在用户附近的发电站(或称发电厂)，各发电站独立运行。随着工农业生产和城市的发展，对电能的需要量迅速增加，而热能资源(如煤田)和水能资源丰富的地区又往往远离用电比较集中的城市和工矿区，为了解决这个矛盾，就需要在动力资源丰富的地区建立大型发电站，将电能远距离输送给电力用户。同时，为了提高供电的可靠性，以及资源利用的综合经济性，许多分散的各种形式的发电站，又通过送电线路和变电所联系起来。这种由发电机、升压和降压变电所、输电线路及用电设备有机连接起来的整体，称为电力系统。

电力系统的示意图如图 1-1 所示。

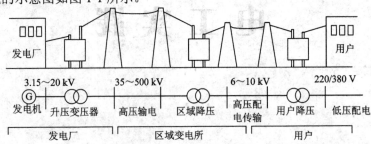

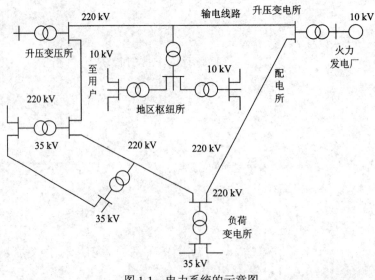

图 1-1 电力系统的示意图

为保证供电的可靠性和安全连续性，电力系统将各地区的各类发电机、变压器、输电线、配电和用电设备等连成一个环形整体。

1.2　低压配电

低压配电线路由配电室(配电箱)、低压线路和用电线路组成。

通常一个低压配电线路的容量范围在几十千伏安到几百千伏安，负责几十个用户的供电。为了合理地分配电能，有效地管理线路，提高线路的可靠性，一般都采用分级供电的方式，即按照用户地域或空间的分布，将用户划分成供电区和片，通过干线、支线向片、区供电，使整个供电线路形成一个分级的网状结构。

低压配电线路的连接方式主要有放射式和树干式两种，如图1-2所示。

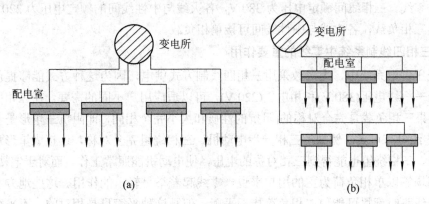

图1-2　低压配电线路的连接方式

(a) 放射式配电线路；(b) 树干式配电线路

某校实验楼树干式供电线路示意图如图1-3所示。

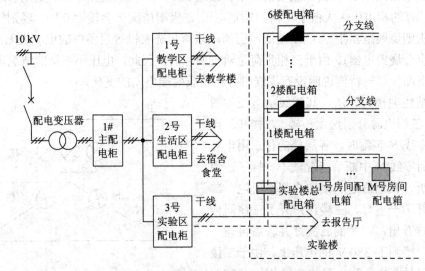

图1-3　某校实验楼树干式供电线路示意图

1.3 三相交流电线制与安全用电基本知识

1.3.1 三相四线制

1. 三相四线制的定义

低压配电网中，输电线路一般采用三相四线制，其中三条线路分别为 A、B、C(或称 W、U、V)三相，通常称之为火线，另一条是中性线 N(区别于零线，在进入用户的单相输电线路中有两条线，一条称为火线，另一条称为零线，零线正常情况下要通过电流，以构成单相线路中电流的回路，而三相系统中，三相自成回路，正常情况下中性线是无电流的)，也称工作零线。三相线间额定电压为 380 V，各火线与中性线间的额定电压为 220 V。三相线间可接三相负载，各火线与中性线间可接单相负载。

2. 三相四线制系统中零线的重要作用

在低压供电系统中，大多数采用三相四线制方式供电，因为这种方式能够提供两种不同的电压——线电压(380 V)和相电压(220 V)，可以适应用户不同的需要。在三相四线制系统中，如果三相负载是完全对称的(阻抗的性质和大小完全相同，即阻抗三角形是全等三角形)，则零线可有可无。例如，三相异步电动机，三相绕组完全对称，连接成星形后，即使没有零线，三相绕组也能得到三相对称的电压，使电动机能照常工作，而对于宅楼、学校、机关和商场等以单相负荷为主的用户来说，零线起着举足轻重的作用。这些地方在设计、安装供电线路时都尽可能使二相负荷接近平衡，但是这种平衡只是相对的，不平衡则是绝对的，而且每时每刻都在发生变化。在这种情况下，如果零线中断了，三相负荷中性点电位就会发生位移。中性点电位位移的直接后果就是三相电压不平衡，其中，有的相电压可能大大超过电器的额定电压(在极端情况下会接近 380 V)，轻则烧毁电器，重则引起火灾等重大事故；有的相电压大大低于电器的额定电压(在极端情况下会接近 0 V)，轻则使电器无法工作，重则烧毁电器(因为电压过低，空调、冰箱和洗衣机等设备中的电动机无法启动，时间长了也会烧毁电器)。由于三相负荷是随机变化的，因此，电压不平衡的情况也是随机变化的。下面仅举一特例说明没有零线时各相负载两端电压的变化。

假定某住宅楼为三层，其配线示意图如图 1-4 所示，三相电源分别送入一楼、二楼和三楼住户。若零线 N 正常时，各层楼的住户用电互不相干。而零线 N 中断后情况就不一样了。为了便于分析，我们假定一楼住户都不用电，二楼住户只开了一盏灯，三楼住户开了三盏同样的灯，不难看出，三楼的三盏灯并联后再与一盏灯串联，接到了 380 V 的电压上，由于二楼负载的电阻是三楼负载电阻的三倍，所以 380 V

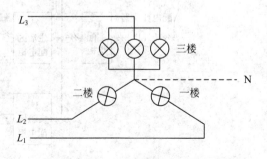

图1-4 某住宅楼配线示意图

电压的四分之三(285 V)都降落在二楼灯泡上了，灯泡必烧无疑，而三楼灯泡两端电压只有95 V，自然不能正常发光。当二楼的灯泡烧毁(开路)后，三楼的灯泡也就不能构成回路正常工作了。在某一时刻，一楼住户的电饭锅投入使用(假定电饭锅的额定功率大大高于三楼的三个灯泡的功率)时，三楼的灯泡自然会全部烧毁。另外，如果某些电器采用接零保护(外壳接在零线上)，零线中断后，就失去了接零保护，有可能发生触电事故。

综上所述，在三相四线制系统中零线是非常重要的。

1.3.2　三相五线制

为了改善和提高三相四线制中低压电网的安全用电状况，消除不安全因素，380 V/220 V供电系统应推广使用三相五线制。三相五线制是指 A、B、C、N 和 PE 线(或称 W、U、V、N 和 PE 线)，其中，PE 线是保护地线，也叫安全线，专门用于接到设备外壳等，以保证用电安全。PE 线在供电变压器侧和 N 线接到一起，其进入用户侧后不能当作零线使用，否则，发生混乱后就与三相四线制无异了。但是，由于这种混乱容易让人丧失警惕，可能在实际操作中更加容易发生触电事故。同时，三相五线制中工作零线和保护零线均由中性点引出，中性点直接接地，接地电阻不得大于 4 Ω，工作零线和保护零线均重复接地，接地电阻不得大于 10 Ω。

三相五线制的连接方式主要有两种，如图 1-5 所示。应用中最好使用标准/规范的导线颜色：A(或 U)线用黄色，B(或 V)线用蓝色，C(或 W)线用红色，N 线用褐色，PE 线用黄绿色。(注：N 线和 PE 线还可以使用黑色等。)

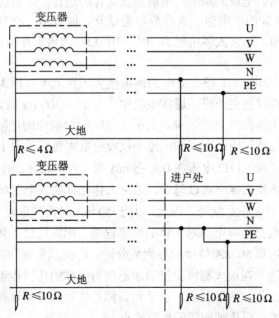

图 1-5　三相五线制的连接方式示意图

1.3.3　单相三线制

单相三线制即一根相线(L)，一根中性线(N)，一根保护线(PE)。家用电器大多使用单相三线制，家用单相三孔插座的标准接线如图 1-5 所示，即左 N(零线)、右 L(火线)、中间 (上面)PE(地线)。

1.3.4 安全用电基本知识

我国规定的安全电压等级有 12，24，36 V 等，一般我们规定 36 V 以下的电压称为低压，即安全电压。安全用电包含设备(供电设备、输送电设备、用电设备)及人身的安全，因此必须学习和掌握基本的安全用电常识，以防止触电及设备事故的发生，避免不必要的伤亡和损失。

1. 触电事故

1) 电击和电伤

当人身接触了电器设备的带电(或漏电)部分，身体会承受电压，使电流在人体内部流动，此种情况称为电击。它的主要表现是：电流影响呼吸系统、心脏和神经系统，造成人体内部组织的破坏，极易导致死亡。

电伤是由于电流通过人体外表或人体与带电体之间产生电弧而造成的体表烧伤，若烧伤面积过大则可能有生命危险等。

2) 电流对人体的作用和伤害程度

调查表明，绝大部分的触电事故都是由电击造成的，电击伤害的程度取决于通过人体电流的大小、持续时间、电流的频率、电流通过人体的途径，以及触电者的健康状况等。

(1) 人体电阻。人体的电阻值因人而异，男或女、胖或瘦、空气潮湿程度、人体其他状况都会影响人体电阻，通常人体电阻为 $10^4 \sim 10^5$ Ω，当角质外层破坏时，则降至 $800 \sim 1000$ Ω。

(2) 电流对人体的伤害。工频交流电的危险性大于直流电，因为交流电流主要麻痹破坏神经系统，人往往难以自主摆脱，通常电流频率在 $25 \sim 300$ Hz 时，对人体的伤害最大，尤其以 $40 \sim 60$ Hz 的电流频率为最，频率大于 1 kHz 时，触电的危险性反而降低。实践证明，直流电对血液有分解作用，而高频电流不仅没有危害还可以用于医疗保健等。

一般流过人体的工频 50 Hz 电流在 $0.5 \sim 5$ mA 时，就有痛感，但尚可忍受和自主摆脱；电流大于 5 mA 后，将发生痉挛难以忍受。通常人体允许的安全工频电流为 30 mA，当电流大于 50 mA 时就会发生心室颤动，因此，大于 50 mA 是工频危险电流。

触电时间的长短也会影响电流对人体的伤害程度。电流通过人体的时间越长，对人体的伤害就越大，电流达到 50 mA 持续数秒到数分钟，将引起昏迷和心室颤动而危及生命。

电流流经身体的途径在很大程度上影响了电流对人体的伤害程度。电流通过心脏和中枢神经危险性最大，因此，从手到手、从手到脚都是危险的电流途径，其中电流从右手到左脚的路径是最危险的，而从脚到脚的危险较小。

另外，妇女、儿童、老人及体弱者因触电造成的危险程度比健康的轻壮年男人更为严重。

3) 引起电气事故的原因

(1) 违章操作。主要包括：① 违反"停电检修安全工作制度"，因误合电闸造成维修人员触电；② 违反"带电检修安全操作规程"，致使操作人员触及电器的带电部分；③ 带电移动电器设备；④ 用水冲洗或用湿布擦拭电气设备；⑤ 违章救护触电者，造成救护者一起触电；⑥ 对有高压电容的线路检修时，未进行放电处理而导致触电。

(2) 施工不规范。主要包括：① 误将电源保护接地与零线相接，且插座火线、零线位置接反，致使机壳带电；② 插头接线不合理，造成电源线外露，导致触电；③ 照明电路的中线接触不良或安装保险，造成中线断开，导致家电损坏；④ 照明线路敷设不合规范，造成搭接物带电；⑤ 随意加大保险丝的规格，使其失去短路保护作用，导致电器损坏；⑥ 施工中未对电气设备进行接地保护处理。

(3) 产品质量不合格。主要包括：① 电气设备缺少保护设施，造成电器在正常情况下损坏或触电；② 带电作业时，因使用不合理的工具或绝缘设施，造成维修人员触电；③ 因使用劣质材料，致使绝缘等级、抗老化能力很低，容易造成触电；④ 生产工艺粗制滥造；⑤ 电热器具使用塑料电源线；

(4) 偶然条件。主要包括：① 电力线突然断裂，使行人触电；② 狂风吹断树枝，将电线砸断；③ 雨水进入家用电器使机壳漏电等偶然事件，均会造成触电事故。

2. 触电方式

常见的触电方式主要有单相触电和双相触电，一般人在生活和工作中使用的都是380 V/220 V 的星形三相四线电源。若一手触及一根带电的火线，则是单相触电，如图 1-6 所示；若双手分别触及两根不同相的带电火线，则称为双相触电，如图 1-7 所示。

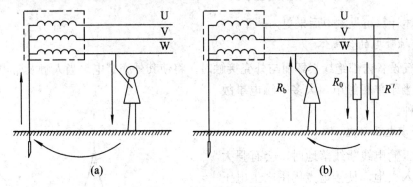

图 1-6 单相触电示意图

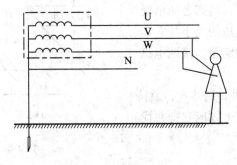

图 1-7 双相触电示意图

1) 接触正常带电体

(1) 电源中性点接地的单相触电如图 1-6 所示。人站在地上时，电流将从火线经人手进入人体，再从脚经大地和电源接地电极回到电源中点，这时人体处于相电压下，危险较大。单相触电时，在湿脚着地等恶劣条件下，通过人体的电流为

$$I_b = \frac{U_P}{R_0 + R_P} = 219\ \text{mA} \gg 50\ \text{mA}$$

式中：U_P——电源相电压(220 V)；

R_0——接地电阻≤4 Ω；

R_P——人体电阻 1000 Ω。

此时通过人体的电流大大超过工频危险电流(50 mA)。若地面干燥，所穿鞋袜具有一定的绝缘作用，则危险性可能减小，但有人因此对单相触电麻痹大意是绝对错误的。事实上，触电死亡事故中，大部分是单相触电。

(2) 电源中性点不接地系统的单相触电如图 1-6(b)所示。人体接触某一相时，通过人体的电流取决于人体电阻 R_b 与输电线对地绝缘电阻 R' 的大小。若输电线绝缘良好，绝缘电阻 R' 较大，对人体的危害性就减小。但导线与地面间的绝缘可能不良(R' 较小)，甚至有一相接地，这时人体中就有电流通过。

(3) 双相触电如图 1-7 所示，这时人体处于线电压下，通过人体的电流为

$$I_b = \frac{U_l}{R_b} = \frac{380}{1000} = 0.38\ \text{A} = 380\ \text{mA} \gg 50\ \text{mA}$$

由上述计算可见触电后果更为严重。

2) 接触带电的金属体

当电气设备内部绝缘损坏而与外壳接触时，将使其外壳带电。当人触及带电设备的外壳时，相当于单相触电，大多数触电事故属于这一种。

3) 跨步电压触电

在高压输电线断线落地时，会有强大的电流流入大地，使接地点周围产生电压降。如图 1-8 所示。

当人体接近接地点时，两脚之间承受跨步电压而触电。跨步电压的大小与人和接地点距离，两脚之间的跨距，接地电流大小等因素有关。

跨距一般在 20 m 之外，跨步电压就降为零。若误入接地点附近，则应双脚并拢或单脚跳出危险区。

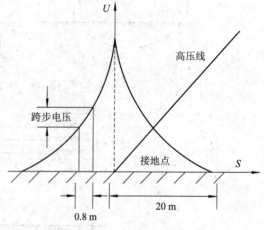

图 1-8　电位分布图

3. 接地和接零

为了防止电器设备的金属外壳因内部绝缘损坏而意外带电，避免触电事故，可以采取保护性的接地和接零措施。按接地目的的不同，主要分为工作接地、保护接地和保护接零。

1) 工作接地

工作接地即将中性点接地，如图 1-9 所示。其
目的是：

(1) 降低触电电压。

(2) 迅速切断故障。在中性点接地的系统中，
一相接地后的电流较大时，保护装置即迅速动作，
以断开故障点。

(3) 降低电气设备对地的绝缘水平。

2) 保护接地

保护接地主要用于电源中点 N 没有工作接地的

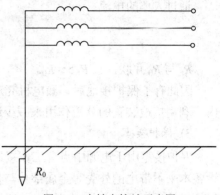

图 1-9　中性点接地示意图

三相三线制供电线路(在矿井中采用)，它是将用电
设备本来不带电的机壳等金属部分与地连接起来，接地电阻 R' 按规定不大于 4 Ω。

由于供电线与大地间存在着绝缘电阻和对地电容，在未装保护接地时，它们构成星形
对称负载电路(电阻很大，一般为几十万欧)，作为其中点的大地的电位应和电源中点电位
相等，正常情况下每根供电线对地的电压仍为 220 V 的相电压。

当电气设备外壳未装保护接地时，如图 1-10 所示。如果电气设备内部绝缘损坏发生一
相碰壳时：由于外壳带电，当人触及外壳，接地电流 I_e 将经过人体入地后，再经其他两相
对地绝缘电阻 R' 及分布电容 C' 回到电源。当 R' 值较低、C' 较大时，I_b 将达到或超过危险
值。当遇到雨天时，R 会变得较小，I_b 也会上升，危险性也随之增大。

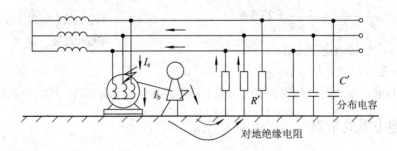

图 1-10　电气设备外壳未装保护接地

当机壳有了保护接地后，如图 1-11 所示。

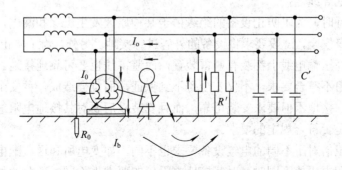

图 1-11　电气设备外壳装保护接地机

通过人体的电流：

$$I_b = I_e \frac{R_0}{R_0 + R_b}$$

R_b 与 R_0 并联，且 $R_b \gg R_0$。

因此有了保护接地后，漏电机壳对地电压很微小，通过人体的电流可减小到安全值以内，利用接地装置的分流作用来减少通过人体的电流。

3) 保护接零

保护接零用于电源中点有工作接地的 380 V/220 V 的三相五线制供电线路中，它将电气设备本来不带电的外壳等金属部分与供电线路的保护零线(PE)连接起来，如图 1-12 所示。当电气设备绝缘损坏造成一相碰壳，该相电源短路，其短路电流使保护设备动作，将故障设备从电源切除，防止人身触电。把电源碰壳，变成单相短路，使保护设备能迅速可靠地动作，切断电源。

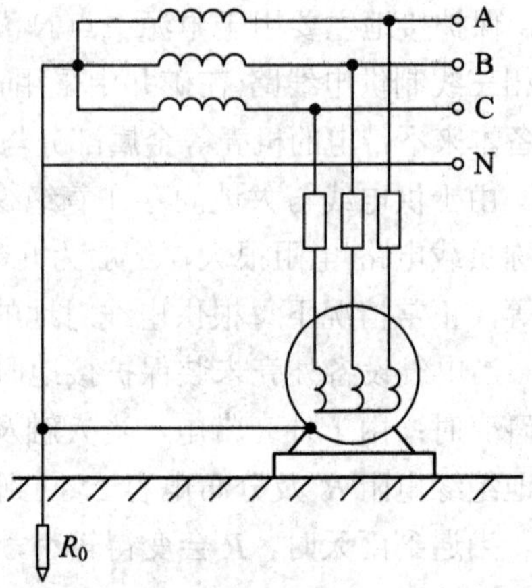

注意：中性点接地系统中：

(1) 不允许采用保护接地，只能采用保护接零；

(2) 不允许保护接地和保护接零同时使用。保护接地和保护接零同时使用时，当 A 相绝缘损坏碰壳时，接地电流为

$$I_e = \frac{U}{R_0 + R_0'} = \frac{220}{4 + 4} = 27.5 \text{ A}$$

图 1-12　不带电的金属部分与供电线路的零线相连接

式中：R_0——保护接地电阻 4 Ω；

　　　R_0'——工作接地电阻 4 Ω。

此电流不足以使大容量的保护装置动作，而使设备外壳长期带电，其对地电压为 110 V。

1.3.5　接地电阻的常识

电气设备的任何部分与接地体之间的连接称为接地。电气设备与土壤直接接触，并用于与地之间连接的一个或几个金属导体叫做接地体或接地电极。电气设备的金属外壳与接地电极之间用接地导线连接。

电气设备运行时，为了防止设备的绝缘由于某种原因发生击穿和漏电，使电气设备的外壳带电危及人身安全，一般要求将设备的外壳进行接地。另外，为了防止大气雷电袭击，在高大建筑物或高压输电线上都装有避雷装置，而避雷线也要可靠地接地。接地是为了安全，如果接地电阻不符合要求，不仅安全得不到保证，而且会造成一种安全的假象，形成事故隐患。因此，接地不但要求安装可靠，而且安装以后要对其接地电阻进行测量，检查接地电阻的阻值是否符合规定的要求。

接地电阻的阻值对于不同的电气设备要求也不同。如变电所和送、配电线路的接地、用途、设备容量和电压值不同时，对其接地电阻值的要求也不同。现分述如下：

（1）有避雷线的高压架空配电线路，其接地装置在各种环境下的工频接地电阻值不应超过表 1-1 中所列的数值。

如果接地电阻很难降到 30 Ω，可采用 6～8 根总长度不超过 500 m 的放射型接地体或连续伸长接地体。

表 1-1　工频接地电阻值

土壤电阻率 $\mu/\Omega \cdot m$	工频下的接地电阻/Ω
$\rho < 100$	10
$100 \leqslant \rho < 500$	15
$500 \leqslant \rho < 1000$	20
$1000 \leqslant \rho < 2000$	25
$\rho \geqslant 2000$	30

（2）总容量为 100 kVA 以上的变压器，其工作接地装置的接地电阻不应大于 4 Ω，每个重复接地装置的接地电阻不应大于 10 Ω。总容量为 100 kVA 及以下的变压器，其工作接地装置的接地电阻不应大于 10 Ω，每个重复接地装置的接地电阻不应大于 30 Ω，且重复接地不应少于 3 处。

（3）电压在 1 kV 及以上的电气设备对于大地的接地短路电流(I)系统，其接地装置的接地电阻值应满足：

$$R_{max} = \frac{2000\,V}{I(A)}$$

在土壤电阻率较高的地区，接地电阻允许提高，但不应超过 5 Ω。对于小的接地短路电流系统，其接地装置的接地电阻值，一般不应大于 10 Ω。在土壤电阻率较高的地区，接地电阻允许提高，但对发电、变电电气设备，不应超过 15 Ω，其他电气设备不应超过 30 Ω。

（4）电压在 1 kV 以下的电气设备其接地装置的接地电阻值不应超过表 1-2 中所列的数值。

接地电阻包括：接地导线上的电阻、接地体本身的电阻、接地体与大地间的接触电阻和大地电阻。前两项电阻较小，测量接地电阻主要是后两项。接地电阻与接地金属体和大地的接触面积的大小，以及接触程度的好坏有关，并与大地的湿度有关。

表 1-2　1kV 以下电气设备接地电阻值　　　　　　　Ω

电力线路名称	接地装置的特点	接地电阻值
		$R \leqslant 4$
中性点直接接地电力线路	100 kVA 及其以下的变压器或发电机	$R \leqslant 10$
	电流、电压互感器次级线圈	$R \leqslant 10$
中性点不接地的电力线路	100 kVA 以上的变压器或发电机	$R \leqslant 4$
	100 kVA 及其以下的变压器或发电机	$R \leqslant 10$

1.4　家居模拟配电实践

1.4.1　家居配电中常用开关

1. 开关的安装

开关是用来控制灯具等电器电源通断的器件，根据它的使用和安装，大致可分为明装式、暗装式和组装式三大类。明装式开关又分为扳把式、翘板式、掀钮式和双联或多联式；暗装式(即嵌入式)开关有翘板式和掀钮式；组合式即根据不同要求组装而成的多功能开关，有节能钥匙开关、"请勿打扰"的门铃按钮、调光开关、带指示灯的开关和集控开关等等。8 种常见的开关如图 1-13 所示。

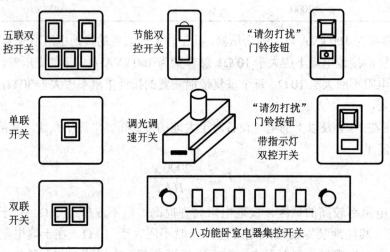

五联双控开关　　节能双控开关　　"请勿打扰"门铃按钮

单联开关　　调光调速开关　　"请勿打扰"门铃按钮　　带指示灯双控开关

双联开关　　八功能卧室电器集控开关

图 1-13　8 种常见开关示意图

2. 插座的安装

插座是供移动电器设备(如台灯、电风扇、电视机、洗衣机及电动机等)连接电源用的，分固定式和移动式两类。如图 1-14 所示几种常见的固定式插座，分为明装和暗装两种。

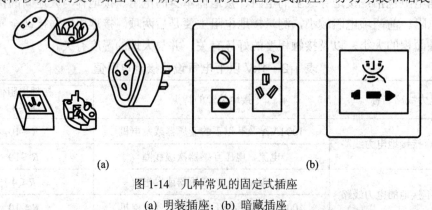

(a)　　　　　　　　　　　　(b)

图 1-14　几种常见的固定式插座

(a) 明装插座；(b) 暗藏插座

家居模拟配电中应用的主要器件还包括熔断丝、漏电保护器等。(保险丝也被称为熔断器,IEC127 标准将它定义为熔断体(fuse-link)。它是一种安装在电路中,保证电路安全运行的电器元件。保险丝的作用是:当电路发生故障或异常时,随着电流不断升高,有可能损坏电路中的某些重要器件或贵重器件,也有可能烧毁电路,甚至造成火灾。若电路中正确地安置了保险丝,则保险丝就会在电流异常升高到一定的高度和一定的时候,自身熔断切断电流,从而起到保护电路安全运行的作用。)

3．室内线路的施工要求

在家居配电的线路敷设时,主要有明线和暗线两种敷设方式,明敷设线路一般要求沿墙走,横平竖直,由线路引向灯位时需要按直角边的路径敷设,线路转角处的夹角为 90°,以达到美观的要求;暗线敷设线路是民用建筑工程中广泛采用的配线方式,尤其在装修要求较高的厅时会采用暗线敷设。暗线敷设线路总以最短的距离到达目标点,其长度往往依靠比例尺在建筑物平面上量取算得。暗线敷设可分为钢管、硬塑料管、半硬塑料管、波纹塑料管、镀锌铁皮线槽暗线敷设方式等。暗线敷设因其施工安装简便,建设投资较低,故在一般民用建筑中采用较多。

1.4.2　家居配电中常用插座及其他器件

1．实践操作

家居模拟配电线路板示意图如图 1-15 所示,实验原理如图 1-16 所示。

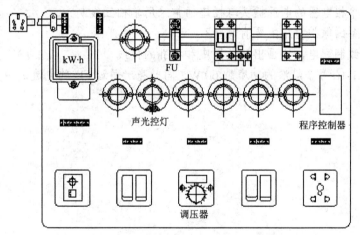

图 1-15　家居模拟配电线路板示意图

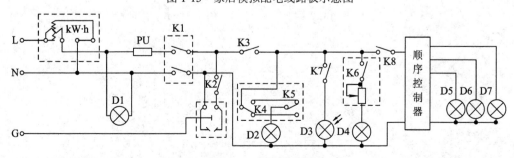

图 1-16　实验原理图

(1) 确保实验板与实验桌无电源连接，置桌面和实验板上的空气开关于 **OFF** 位置；

(2) 分析实验原理图，检查所需的器件，分析接线方式；

(3) 本实验采用明线敷设方式，根据原理图和走线路径，选择合适的线段进行连接；

(4) 根据原理图检查接线；

(5) 将实验板上没有用的导线杂物和所有工具放进抽屉；

(6) 报告指导老师，进行检查。

2. 注意事项

实践操作中的注意事项如下：

(1) 所有实验，必须是指导教师在场的情况下才可通电实验。

(2) 连接导线时要横平竖直，线路转交达 90°；

(3) 实验结束后必须将线整理好后收入抽屉中，保持实验板的整洁。

习 题 一

1. 安全电压是如何规定的？

2. 解释单相触电、两相触电、跨步电压触电、接触电压触电的含义。

3. 什么叫做保护接地？画出保护接地原理示意图并说明。

4. 什么叫做保护接零？画出保护接零原理示意图并说明。

5. 为什么单相电器的电源插头与插座通常采用单相三线制？

6. 电气设备的保护措施主要有哪些？

7. 单相三线制配电，请画出三孔插座和各孔的接线。

8. 根据图 1-16 每个灯泡的功率是 60 W，同时亮时通过 FU 的电流是多少？(忽略电子控制器的电流)

第二章　电工仪表的使用与测量

　　电路中的各个物理量(如电压、电流、功率、电能及电路参数等)的大小，除用分析与计算的方法外，常用电工测量仪表去测量。

2.1　电工仪表的分类

　　电工仪表可分成指示式、比较式、数字式、记录仪和示波器等。

1. 按其使用情况分类

　　(1) 直读式仪表：能直接从仪表指示机构获得测量结果的仪表，如安培表、电度表等所有指示仪表和检示仪表、自动记录仪表及非电阻电气测量指示仪表。

　　直读式仪表的特征是直接将被测量的参数，转换为其可动部分的机械位移，并通过它的指示器在有刻度的标度尺上的指示，直接表示出被测参数的数值。这种仪表往往结构简单、成本低廉、使用方便，故较为常用。

　　(2) 比较式仪表：需要度量器参加工作，是将被测量与标准量进行比较后，才能获得结果的测量仪器，如各式电桥、电位差计等。

　　比较式仪表有较高的灵敏度和准确度，但成本高，使用复杂。

2. 指示仪表的分类

　　指示仪表是最常用的电表，它可按下面 4 种方法分类。

　　(1) 按照测量对象的种类分为：

　　① 测量电流的称为电流表，常用的有毫安表和安培表。

　　② 测量电压的称为电压表，常用的有伏特表和千伏表。

　　③ 测量功率的称为功率表，常用的有瓦特表和千瓦表。

　　④ 测量电能的称为小时表或电度表。

　　⑤ 测量功率因数的称为功率因数表或力率表。

　　⑥ 测量频率的称为频率表或周波表。

　　⑦ 测量电阻的有欧姆表和兆欧表(又称摇表)。

　　(2) 按所测量的电流种类分为：

　　① 用于直流电路的直流电表。

　　② 用于交流电路的交流电表。

　　③ 交流、直流电路都适用的交直流两用电表。

　　(3) 按照电表的工作原理分为：磁电系、动磁系、电磁系、电动系、铁磁电动系、静电系、感应系、热电系、整流系、电子系、振簧系、双金属系、极化电磁系、磁感应系和热线系等十五种。其中以磁电系、电磁系、电动系、铁磁电动系和感应系电表应用得较广泛。

(4) 电表按照准确度分为：0.1、0.2、0.5、1.0、1.5、2.5 和 5.0 等七级。

电表的准确度是电表的主要特性之一。因为任何电表，它所指示的数值并不可能完全和实际数值相等，都会产生一定的误差。电表的准确度与电表的误差的关系是：准确度等级的数字，表示最大误差的百分数。例如，2.5 级的电表，在正常使用条件下，其测量误差为 ±2.5%。如果用 0~250 V 的伏特表，测得电压为 200 V，其实际电压数值可以是(200 ± 250 × 2.5%)V。即可以是 194 V 至 206 V 之间的任何数值。因此，电表准确度等级的数字越小，电表就越准确。

电表除按上述几种方法分类外，还可分为以下几种方式：

(1) 按电表的使用方式分为开关板式和可携式。

(2) 按电表的使用条件分为 A、B、C 三种。A 组电表供有取暖设备的室内使用(温度 0~40℃)，B 组电表供一般室内使用(温度是 −20~50℃)；C 组电表供在不固定地区的室内及室外使用(温度是 −40~60℃)。

(3) 按电表外壳的防护性能，分力普通式、防尘式、防溅式、防水式、水密式、气密式和隔爆式七种。

(4) 按电表防御外界磁场或电场的性能，分为 I、II、III、IV 四等。

(5) 按电表耐受机械力作用的性能，可分为普通的和能受机械力作用的两种。

(6) 按电表可动部分支承方式，分为轴尖轴承式、张丝式和吊丝式三种。

(7) 按电表读数装置的结构形式，分为指针式、光指示器式和振簧式三种。

(8) 按电表标度尺上零位的位置，分为单向标度尺、双向标度尺和无零位三种。

(9) 按电表外形尺寸大小，分为微形、小形、中形、大形和巨形五种。

电工仪表表面的常用符号见表 2-1。

表 2-1 电工仪表表面的常用符号

符 号	名 称	符 号	名 称
测量单位的符号		测量单位的符号	
A	安培	MΩ	兆欧
mA	毫安	kΩ	千欧
μA	微安	Ω	欧姆
kV	千伏	cosφ	功率因数
V	伏特	φ	相位角
mV	毫伏	F	法拉
kW	千瓦	μF	微法
W	瓦特	pF	皮法
Var	乏尔	H	亨
Hz	赫兹	mH	毫亨
kHz	千赫兹		

符号	名 称	符号	名 称
电表工作原理的符号		电表工作原理的符号	
	磁电系电表		热电系电表 (带接触式热电变换器和磁电系测量机构)
	磁电系比例表		整流系电流 (带半导体整流变换器和磁电系测量机构)
	感应系电表	电流种类及不同额定值标注的符号	
			直流
	感应系比率表		交流(单位)
	电磁系电表		直流和交流
	电磁系比率表		三相交流
	电动系电表	$\dfrac{I_1}{I_2}=\dfrac{500}{5}$	接电流互感器 500∶5 A
	电动系比率表	$\dfrac{U_1}{U_2}=\dfrac{3000}{100}$	接电压互感器 3000∶100 V
	铁磁电动系电表	准确度等级的符号	
	铁磁电动系比率表	1.5	以标度尺量限百分数表示的准确度等级。例如:1.5 级
	静电系电表	1.5	以标度尺长度百分数表示的准确度等级。例如:1.5 级
有效值 平均值	整流系	(1.5)	以指示值的百分数表示的准确度等级。例如:1.5 级
	电子系	工作位置的符号	
	振簧系电表		标度尺位置为垂直的

2.2　电工仪表的使用与测量

2.2.1　电流表的使用与测量

1. 直流电流的测量

测量直流电流一般用磁电式仪表。测量时电流表必须串联在电路中，因为电流表内阻很小，如果不慎把电流表并接在负载两端，电流表将因电流过大而烧毁。

电流表表头允许流过的电流都很小，一般在几十微安到几十毫安范围内。

(1) 直流小电流的测量：在任何一次测量之前，首先要估计好被测线路上的电流可能达到的最大值，再选择量限比这个最大值还要大一些的电流表。若预先难以估计，则应尽量选用大量限的电流表，进行一次试探性的测量，根据这次初步测量的结果，再改用相应量限的电流表。同时，用电流表测电流，必须将电流表串联在电路中。另外，在直流测量中还应特别注意电路上电流的方向和电表的正负极性的接法。电流必须是从"+"接线端进入电表，而从"−"接线端流出。否则，不但无法读数，甚至会损坏电表。测量时的接线如图2-1 所示。这里还应注意的是：电流表的"+"和"−"的接线端，决不能直接与电源的"+"和"−"极相接，中间一定要使电流表和负载串联后，才能进行测量。否则，电表将烧毁，甚至发生其他事故。

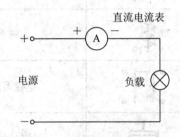

图 2-1　用直流电流表测量小电流

这是因为电流表内电阻很小，当电流表直接与电源相连时，电流将极大，这相当于电源被短路了。

(2) 直流大电流的测量：测量大电流时采用分流的方法，分流电阻有内附和外接两种。较大的分流器采用外接方式。内附方式中，有些电流表的正端有好几个接线端，分别用于测量不同量程的电流；也有些电流表采用插拨铜塞的方法选用量程，选用时要注意铜塞的位置。变换量程必须在仪表不通电的前提下进行，以防烧坏电流表；也可以用一根短路线把电流表两接线端钮短接后再改变量程，操作完成后再去除短接路线，然后再读取测量值。

2. 交流电流的测量

测量交流电流一般用电磁式仪表，若进行精密测量时使用电动式仪表。由于仪表线圈绕组既有电阻又有电感，若用并联分流器的方法扩大量程，则分流器很难做到与线圈配合准确，因此，一般不采用并联分流器的方法，而是把固定线圈分成几段，用线圈绕组的串并联方式来改变量程。当被测电流很大时，用电流互感器作电流交换，以此扩大电流表量程。电流表的端子分为零线端和相线(俗称火线)端。另外，由于电磁式或电动式仪表指针偏转角度与电流的平方成正比，所以仪表面板刻度是不均匀的，只有当偏转角度较大时读数才较为准确。

（1）交流低压小电流的测量：用交流电流表去测量低压小电流是很方便的，只需在选好合适量限的电表后，将电表串联于电路中，不需要考虑极性。当然，也应特别注意不能用电流表的两端直接和电源或被测电路的两端并联在一起，这样会造成交流电路的短路，将烧毁电流表等。

（2）交流高压或大电流的测量：在高压电路或大电流的电路中，都不能采用电流表直接串入电路中进行电流强度助测量。必须应用具有一定工作电压的电流互感器将高压分隔开来或将电流变小。电流互感器的工作电压，是指初级线圈电路中的最大允许电压。电流互感器的电压等级分为 0.5 kV、3 kV、6 kV、10 kV、15 kV、35 kV、60 kV、110 kV、154 kV、220 kV 等十级，可根据欲测电路的电压值来选择。

2.2.2　电压表的使用与测量

测量直流电压时，常用磁电式电压表；测量交流电压时，常用电磁式电压表。在测量电压时，应把电压表并联在被测负载的两端。为了使电压表并入后不影响电路原来的工作状态，要求电压表的内阻远大于被测负载的电阻。一般测量机构本身的电阻不是很大，所以在电压表内串有很大的附加电阻。特别是测量直流高压时都采用串接电阻的方法扩大量程；而测量交流高压时，一般通过电压互感器把电压降低后再测量。

1．直流电压的测量

用直流电压表去测量直流电压时，也应先选择合适量限的电表，并注意电压的极性，再将电压表并联到电路两端。一般携带式电压表上部接有两根测试笔，测试笔外面是用很好的绝缘材料做的，测试时可直接用手握在测试笔杆上，将测试笔头去接触欲测电压的两点，电压表就会示出读数，其连接方法如图 2-2 所示。

图 2-2　直流电压的测量

2．交流低电压的测量

在低电压电路上去测量电压是很方便的，也只需考虑所用交流电压表的量限，然后将交流电压表直接并联在电路的两端。电压表的测试笔在此时没有极性可分。电压在 24 V 以下是绝对安全的，电压在 80 V 以上就会发生生命危险，因此测量时应注意安全，手只能接触测试笔的绝缘部分。

3．交流高电压的测量

测量交流高电压必须使用电压互感器。根据高电压的实际大小和所用交流电压表的具体要求，选用不同规格的电压互感器。不同型号的电压互感器，不仅电压比不同，其绝缘性能也不同。

2.2.3　万用表的使用与测量

"万用表"是万用电表的简称，它能测量电流、电压、电阻的大小或方向，还可粗略地测量三极管的放大倍数等，是修理电器的一个重要工具。正确、灵活地掌握万用表的使用方法是检修电子设备的技术基础之一。初学者选购万用表时要选购电阻挡为 ×1、×10、×100、×1 k(1000)、×10 k(10000)，直流电压挡倍增电阻为 20 kΩ/V，电流挡可测量 1～500 mA 范围的万用表，例如，市场上的 MF-47、MF-30 型等万用表。

1. 测量电阻(Ω)

测量电阻时，首先估计待测电阻的数值，并将转换开关拨到适当的电阻挡，例如，测百欧、千欧数量级拨 ×100 挡，测千欧以上数量级拨 ×1 k 电阻挡。测量前要先校准，方法是：将红(正)、黑(负)表笔短接在一起，这时表的指针会向右端偏转，调整"Ω"调零旋钮，使偏转的指针恰好停留在欧姆刻度线的零欧姆处，至此，万用表该欧姆挡的零欧姆核准结束。测量时，先准备好待测电阻，分别将正、负表笔搭在电阻两端引线上(不要用两手同时触及电阻两端引线，以免产生测量误差)，此时，在欧姆刻度线上指针所指的读数乘以转换开关所指的数值就是被测电阻的阻值，例如，用 ×10 挡测量某一电阻，在欧姆刻度线上指针指在 30 的位置，如图 2-3 所示，则所测量电阻的阻值为 $30 \times 10 = 300\ \Omega$。可见，被测电阻的数值是测量时刻度盘上的读数乘以转换开关的倍率。

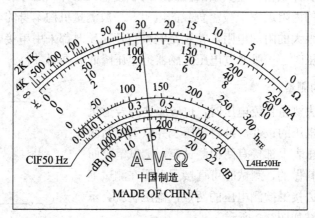

图 2-3　万用表表盘测量结果示意图

由于欧姆刻度线左边读数较密，不容易看准，因此测量时应通过选择欧姆挡，使指针停留在刻度线的中部或右边，这样读数比较清楚、准确。

测量电阻时要注意：

(1) 先将"选择与量限开关"转至电阻测量处(有时表笔也应插入标有"Ω"的插孔中)，再选定量限挡。测试前应在两测试笔短接时，旋转零欧调整旋钮使指针指零欧(在换挡后也还应再调整一下)。若指针不可能指零时，一般表明表内电池需要更换，也可能是电池夹头接触电阻较大，应调整或更换电池。

(2) 在测量前，应将欲测电阻两端接线处用小刀刮去表面氧化层或污物，使其露出金属光泽，尤其在测低值电阻时更为重要，否则测出的数值比实际数值要大。

(3) 在测量时，人手不要碰触两表笔的金属头部或电阻器的两端，尤其在测高电阻时，因为人体的电阻将与欲测电阻并联起来，会使测出数值较实际值小。

(4) 测量某线路上的一个电阻时，应注意有没有与这个电阻并联的通路，如线圈、电解电容器、导线和其他电阻等，若有则应先将电阻拆离线路的一端后才能进行测量。

(5) 对某些只允许通过极小电流的仪表和元件，例如，微安表、毫安表、晶体二极管和三极管等，不允许用 R×1 挡去测量其电阻。在应用时须特别注意，测试时通过的电流为 50~100 mA 时，不能烧坏仪表。

(6) 电阻测量完毕，应将"选择与量限开关"转到测量高电压的位置上。如果开关仍在测量电阻的位置，常因两表笔通过其他金属物件或自行短接，造成表内电池电量很快耗尽。另外，电表在较长时间不用时，也应将电池取出保存，以免电池失效或流出电液，损坏表内零件和线路。

2．测量直流电压(V)

测量直流电压时，首先估计一下被测量电压的大小，然后将转换开关拨至适当的直流电压量程挡，再将正表笔接在被测直流电压的正端(高电位端)，负表笔接在被测电压的负端(低电位端，低电位端是相对正表笔测量点而言的)。根据该挡量程数字与标有直流符号 $\underline{V}$ 刻度线(第二条)上的指针所指数字读出被测电压的大小。例如，当转换开关拨至 10 V 挡测量某电压时，其表针指示刻度如图 2-3 所示，此时转换开关置 10 V 挡的位置，说明这时万用表的最大量程为 10 V，即表针指示满刻度为 10 V，所以该电压值为 4.2 V。同理，若转换开关置 50 V 挡的位置，这时万用表满刻度值为 50 V，图 2-3 所示的电压值则为 21 V。

3．测量直流电流(mA)

测量直流电流时，首先估计一下被测电流的大小，然后将转换开关拨至合适的量程位置，再将万用表串接在电路中，如图 2-4 所示。串接时要注意万用表的红表笔要串接在靠近电源正极的测试点上，万用表的黑表笔要串接在靠近电源负极的测试点上，即在被测量电流的支路中红表笔所串接测试点的电位要比黑表笔所串接测试点的电位高。在图 2-4 中，如果万用表转换开关拨至 5 mA 挡，其表针指示如图 2-3 所示，表示万用表最大量程为 5 mA，即表针指示满刻度时电流为 5 mA，则测量的电流为 2.1 mA。

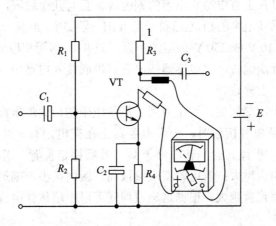

图 2-4　测量流经电阻 R_3 的电流

4．测量交流电压

测量交流电压的方法与测量直流电压相似，所不同的只是测量交流电时万用表的表笔不分正负，读数方法与上述测量直流电压的读法一样。

5. 交流电流的测量

当万用表有交流电流测量挡时，只需将"选择与量限开关"转至标有$\curvearrowright$mA 或$\curvearrowright$A 处即可，除无需考虑极性，其他事项与直流电流测量相同。

若所用的万用表无测量交流电流挡位，则可选用一已知交流电阻的负载，串联在被测量电流的电路上，使用最小量限的交流电压测量挡，测定负载上的电压降，再根据欧姆定律求出 I 的值。此项测量的关键问题是选用合适的负载，即负载电阻不能太大，而应小于电路电阻。否则，对电路中的电流有较大影响。同时，此电阻两端所产生的电压降应在交流电压的最小量限范围内。这样，测量的误差值才最小。

6. 功率的测量

常见的万用表都没有以瓦特为单位的功率刻度线，因此，在测量某负载上的功率时，先要了解负载在特定频率下的阻抗 Z(例如，一般收音机和扩音机的输出端的阻抗)，然后用万用表的交流电压挡测量负载两端的电压降 U，用 $P = U^2/R$ 计算出负载上的功率。若万用表面板上有"输出"插孔时，表示表内已连接了电容器，则测量时只需将测试笔一端插入"输出"插孔，不必再串联电容器。

7. 电平的测量

万用电表的表面上常刻有电平的刻度线，可直接读数，但电平刻度线往往是对应最小交流电压量限来确定的。因此，测量时应先了解电平刻度线所对应的量限，再根据负载上电压的高低来选用交流电压量限，从表面的电平刻度线上读取数据，对应各电压量限的起步电平数，便得到实际的电平值。各电压量限的起步电平数往往写在表面上，或在说明书中写明。

8. 电感和电容的测量

有些万用表的标度尺上有电感和电容的刻度线，且有几个量限，因此，只需将"选择与量限开关"转至电感或电容的挡位上(符号是 mH 或 μF)，再取一已知频率和电压(常用50 Hz 交流电、电压为 10 V 或 250 V)的电源和万用表并联(即用相应的电压挡测其电压值)。调整电源电压，使指针满偏转，将电感器或电容器串联接入电路中，再测量其两端的电压值，并从对应的刻度尺上读数。

对电容量较大的电容器测定，可用万用表测量电阻的最大量限挡来进行粗略判断。当万用表的两表笔与被测电容接通时，由于电容器正在充电，有一冲击电流使指针偏转一个角度，充电完毕后，指针又会回转，停于某一最后稳定位置。若电容量越大，则充电电流越大，指针偏转角也越大；若电容器质量很高，漏电很小，则最后指针回转所达的稳定位置，所指电阻数值也就越大。根据这一道理便可以粗略估计电容器的容量大小和好坏程度。

9. 使用万用表的注意事项

万用表是比较精密的仪表，如果使用不当，就会造成测量不准确或损坏。

(1) 在使用万用表进行测量之前，必须仔细检查开关钮，如量程开关是否置于适当的位置。需特别注意：切勿用电流挡来测量电压，否则会把万用表烧坏。为了保证测量的精度，测量之前需保证万用表指针在静止时处于表盘刻度左端零位；若不在零位，应用螺丝刀调整机械调零旋钮，使之处于零位。

(2) 测量直流电压和直流电流时，切不可将表笔正负极的极性接错，若发现测量时表针逆时针方向旋转，则应立即调换表笔，以免损坏指针和表头。

(3) 在测量前若不能估计被测电压或电流的大小，则应先用最高电压或电流挡进行测量，再回拨到合适的挡位来测试，以免表针偏转过度而损坏表头。选择的挡位越靠近被测值，测量的数值就越准确。转换开关在变换挡位时，切不可带电操作，以免大电流或高电压烧坏转换开关的触点。

(4) 测量电阻时，不要用手触及元件两端或表笔的金属部分，以免人体电阻与被测电阻并联，使测量结果不准确。尤其在测高电阻时更应注意，因为人体的电阻将与预测电阻并联起来，会使测出数值较实际值小。

(5) 测量电阻时，每次变换电阻挡的量程范围都必须进行零欧姆校准。若将两支表笔短接，"Ω"调零旋钮旋至最大，指针仍达不到零欧姆处时，则表明表内电池电压不足，应换上新电池后再使用。

(6) 万用表不用时，不要把表开关置于电阻挡，以防止两表笔相碰在一起，长时间会将电池的电力耗尽。不用时，建议将量程开关置于交流电压最大量程的挡位。

2.2.4　摇表的使用与测量

摇表又称兆欧表、摇电箱、绝缘电阻测定器等。它实际上就是一只测量高电阻的电表，多用来测量电机、电器和线路的导电部分或导电部分与外壳(地)之间的绝缘电阻。由于它携带方便，可直接读数，因此用途很广。

摇表常以其测试时所发出的直流电压高低和绝缘电阻测量范围的大小来分类。常用的摇表是电压为 500 V 和 1000 V 的两种。

(1) 摇表的选用：选用摇表主要是选择摇表的电压及其测量电阻的量限。按规定测定额定电压 500 V 以上的设备的绝缘电阻，应用 1000 V 的摇表；测量额定电压不足 500 V 的设备的绝缘电阻，则用 500 V 的摇表，这是应该遵守的原则。若将高电压(如 2500 V)的摇表用于低压(380 V)设备，设备绝缘会有击穿的危险，反之，则不能达到测量绝缘耐压的目的。

实用中，常以 1000 V 电压的摇表来测量 380 V 以下的发电机线圈的绝缘电阻，也可用于测定 500 V 以内的其他电气设备。而 500 V 以上的发电机及常用的电力变压器，则用 1000 V 至 2500 V 的摇表。

摇表测量量限的选定，一般应注意不要使其量限过多的超出所需测定的绝缘电阻值，以免读数不准。一般低压电气设备的绝缘测定，可选用 0～200 MΩ 的摇表；测定高压电气设备或电缆时，可选用 0～2000 MΩ 的摇表。应注意：有些摇表的刻度不是从零起始，而是从 1 MΩ 或 2 MΩ 起始，这种摇表一般不适宜测定绝缘电阻较低的设备。例如，农村中抽水用的电动机，由于空气潮湿，绝缘电阻很低，用这种表将无法读数。

(2) 测量前的准备：摇表使用时必须放平稳(有的表壳上有水平校正器)，以免转动摇柄时电表受震动，影响测量机构的转动及读数的正确性。

测量前应对摇表作一次开路试验和短路试验，看摇表指针是否停在"∞"和"0"处。有的摇表量限不是从零开始时，短路实验应改成在接线柱间接下限电阻，看指针是否偏转至最小刻度处。若不能达到这些要求，而又非使用不可时，则使用后得到的读数一定要加以核对。若摇表有无穷大调节器，则可先将"地线"接上，然后转动摇柄，并转动调节器，使指针准确地指在"∞"处。

摆表表面应保持干净和干燥，特别是两个测量接线柱之间应先擦干净，不然"火线"与"地线"接线柱间因漏电流量较大而引起误差。在有保护装置时，泄漏电流不流入测量线圈，但保护环对"地线"接线柱间的绝缘电阻降低，也会造成电表误差。

在测量电阻前必须先将所测设备的电源切断，使短路放电(一般变压器和电力电容器放电时间约需 3 分钟)，以保障人身和设备安全，并使测量结果更为准确。

(3) 摇表使用时的注意事项：在做好测量前的准备工作后，可进行接线测量。摇表接线的方法按使用目的不同可分为两种：一种是测量电机设备(电动机、发电机、变压器等)的绝缘电阻时，"火线"接线柱与设备的导线相接，"地线"接线柱与设备的外壳或铁芯相接，若测定各线圈绕组之间的绝缘时，则应将摆表的"火线"和"地线"接线柱分别接到两组线圈的导线上；另一种是在测定电缆、绝缘导线等的相互绝缘或对地绝缘电阻时，摇表的"火线"接线柱接到导线上，"地线"接线柱接到导线的外壳或外层绝缘物上，"保护"接线柱接到芯线的接线柱上，若测量芯线间的绝缘电阻时，则将"火线"和"地线"接线柱分别接在各芯线上，而"保护"接线柱可接在任一芯线绝缘物上。

接线时一方面要注意正确选择上述的接线柱，另一方面还应考虑连接线必须是绝缘良好的单根导线，不能用绞合线，最好选用不同颜色的绝缘导线，以方便识别。

测量时应注意，若测出的电阻很低时，则不宜久摇，此时不但易使绝缘物击穿，而且会因线圈中电流大、易发热而损坏摇表。

摇表的刻度是不均匀的，相等的电阻变化在标度尺上的刻度线间的距离是不相等的，因此读数时应特别注意。由于绝缘电阻随测量时间的长短会有所不同，因此为了便于比较，一般常采用摇表转动测量一分钟时的读数作为标准。若遇到电容量大的测试品时，则必须待充电完毕，表针稳定时才能读数。

测试完毕，应将测试设备充分放电，切勿用手触及设备的测量部分、摇表的接线柱，或进行拆除连接导线的工作，这时残留的电量仍有可能危及人身安全。放电工作应戴绝缘手套或使用绝缘工具。

测量大电容设备的绝缘电阻(如电容器、电缆等)时，在测量绝缘电阻后，要先将"线路"接线柱的连线断开(注意用绝缘工具)，再降低或停止摇柄转动，以免被测试设备向摇表反向放电而损坏摇表。

在测量架空线路时，一定要先放电，测量时应该设法禁止任何人接触线路，并注意在雷雨天时不可测量架空线路的绝缘电阻。

总之，摇表中有高压电源，且往往需要测量高压设备或线路的绝缘电阻，因此必须特别注意安全。

2.2.5　功率表的使用与测量

使用功率表与使用其他电表一样，要注意量限的选择，尤其是要注意功率表上接线柱的极性。即使是交流功率表，其电流线圈和电压线圈的接线柱都标有极性符号(极性符号有用"*"或"±"表示，也有用"E"表示电压线圈的极性端，而用"J"表示电流线圈的极性端)，使用时电压线圈的极性端一定要接在电流线圈所接的同一条线上。另一无极性符号的一端应接到未接电流线圈的那条线上。电流线圈的极性端应接在靠近电源的一边，也就是说，如果我们从靠近电源的一端接线，应先接电流线圈的极性端，然后再从电流线圈另一端引出线来。如果极性接错了，功率表的指针就会向左偏转，这时应立即停电，将电流线圈的接线柱对调一下，注意不应再更动电压线圈的接线。

习　题　二

1. 电工测量仪表是如何分类的？
2. 举例说明什么是直接测量法、间接测量法与比较测量法？
3. 简述正确使用万用表的方法。
4. 简述使用兆欧表的基本方法。
5. 有一感性负载，其功率约为 1 kW，电压为 220 V，功率因数为 0.8，需要用功率表去测量它的功率数值，应怎样选择功率表的量限(设功率表额定电流为 5/10 A、额定电压 150/300 V、额定功率 750/3000 W)？
6. 如何测量三相三线制或对称三相电路的功率？画出接线原理图并简要说明。
7. 如何测量三相四线制电路的功率？画出接线原理图并简要说明。

第三章　三相正弦交流电路

　　电压和电流的大小与方向都恒定不变的称为直流电，而照明用电及工业用电的电压和电流的大小与方向都随时间按正弦规律变化的称为交流电。由交流电源供电的电路称为交流电路，照明用电的电路称为单相交流电路，而工业用电的电路是三相交流电路，无论是单相电路或是三相电路都是指正弦交流电路。

3.1　交流电的产生

　　交流电通常是由交流发电机利用电磁感应的原理所产生的，电能是由机械能转变而来，图 3-1 所示为交流发电机结构原理示意图。

　　在一个固定磁场中，有一个钢制转筒，上面固定一根直导线(图 3-1 中表示转筒转动时导线在磁场中的不同位置)。通过发电机的磁场都不是均匀的，在两磁场的正中处磁感应强度最大。在通过轴心的水平面上磁感应强度为零(磁感应强度为零的平面称为中心面)。磁场的方向处处与转筒垂直，当转筒在这样的磁场中围绕其轴心作匀速旋转时，由于导线运动速度不变，导线有效长度不变，因此导线中产生的感应电动势完全随着磁场各处磁感应强度的大小而变化。

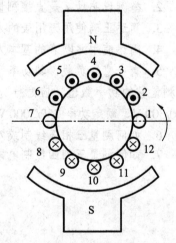

图 3-1　交流发电机结构原理示意图

　　当导线在位置 1 时，处在中性面，此时磁感应强度为零，导线中没有感应电动势产生。随着转筒的旋转，导线经过位置 2、3，磁感应强度逐渐增大，导线中产生的感应电动势也在逐渐增大。当导线达到位置 4 时，正处在磁极的正中，磁感应强度最大，导线中产生的感应电动势也最大。导线经过位置 5、6 时，磁感应强度逐渐减小，导线中产生的感应电动势也逐渐变小。当导线到达位置 7 时，又处于中性面，磁感应强度为零，导线中感应电动势也为零。导线经过位置 7 后，便转入另一个磁极下，因为导线切割磁力线的方向与前半转的方向相反，导线中产生的感应电动势的方向也相反。这时，感应电动势随着磁感应强度的增大而增大，到位置 10 时，产生反方向感应电动势的最大值。此后，感应电动势又逐渐减少，当导线转动到原来的起点时，感应电动势又减为零。

　　我们可以把导线在磁场中按照转筒圆周旋转的位置展开，如图 3-2 所示。在水平横坐标上表示出导线在圆周内所处的各个位置，在垂直方向(纵坐标方向)按比例画出这些位置上导线中所产生的感应电动势的大小，并规定在中性面上方的感应电动势为正，在中性面下方的感应电动势为负。按这些感应电动势的大小，就可以画出一条具有规律性变动的曲线，不难看出，这是一条正弦曲线，它表示转筒转动一圈，导线中感应电动势按正弦规律产生的变化。

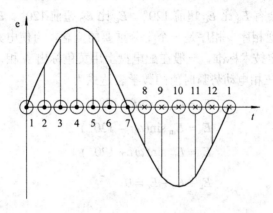

图 3-2 正弦信号波形

综上所述，当导线在磁场中作圆周运动时，导线中产生的感应电动势的大小和方向随着时间作有规律的变化。之所以有大小的变化，是因为导线在各点切割磁力线的多少(磁感应强度的大小)不同；之所以有方向的变化，是因为导线作圆周运动时，上半周与下半周切割磁力线的方向相反。这种大小和方向都跟随时间变化的感应电动势称之为交变电动势，由交变电动势所产生的大小和方向变化的电流称之为交变电流，简称交流。

3.2 对称三相电源

3.2.1 对称三相电动势与电压

三相电源一般由三相发电机产生。如图 3-3 所示是一台典型三相交流发电机的结构示意图，它有三个完全相同的线圈 A-X、B-Y、C-Z，称为三相绕组，每相绕组放置在发电机的固定凹槽(称为定子)内，彼此在空间位置上相差 120°。转子上绕有励磁线圈，给它通入直流电流后可以产生磁场(如图 3-3 所示 N、S 磁极)，当转子由其他动力机械拖动，并以恒定转速 ω 转动时，由电磁感应定律可知，在三相绕组内会产生按正弦规律变化的感应电动势 E_a、E_b、E_c，它们振幅相等(设均为 E_m)、角频率相同(设均为 ω)、在相位上彼此相差 120°，称为对称三相电动势。

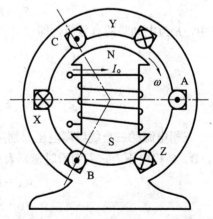

图 3-3 三相交流发电机的结构示意图

对称三相电动势的方向分别为 X-A、Y-B、Z-C 的方向，即 A、B、C 为三相电源的正极，叫做相头或首端，X、Y、Z 为三相电源的负极，叫做相尾或尾端。三相电动势达到最大值(振幅)的先后次序叫做相序。如图 3-4 所示，转子顺时针转动时，E_a 比 E_b 超前 120°，E_b 比 E_c 超前 120°，E_c 比 E_a 超前 120°，这种相序称为正相序或顺相序。反之，如果转子逆时针转动，会有 E_a 比 E_c 超前 120°，E_c 比 E_b 超前 120°，E_b 比 E_a 超前 120°，这种相序称为负相序或逆相序。相序是一个十分重要的概念，为使电力系统能够安全、可靠地运行，通常统一规定技术标准，一般在配电盘上用黄色标出 A 相，用绿色标出 B 相，用红色标出 C 相。对称三相电动势瞬时值的数学表达式为

A 相电动势：　　　　　　$E_a = E_m \sin\omega t$

B 相电动势：　　　　　　$E_b = E_m \sin(\omega t - 120°)$

C 相电动势：　　　　　　$E_c = E_m \sin(\omega t + 120°)$

显然，有　　　　　　　　$E_a + E_b + E_c = 0$

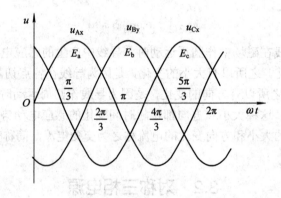

图 3-4　对称三相电压的波形图

对称三相电动势的有效值相量可表示为

$$\dot{E}_a = E\angle 0°$$
$$\dot{E}_b = E\angle -120°$$
$$\dot{E}_c = E\angle +120°$$

其中，E 为电动势的有效值，即

$$E = \frac{E_m}{\sqrt{2}}$$

有　　　　　　　　　　　　$\dot{E}_a + \dot{E}_b + \dot{E}_c = 0$

三相电源的三个绕组端电压分别用 u_A、u_B、u_C 表示，称为对称三相电压，分别称做 A、B、C 相电压。它们的瞬时值，表达式(解析式)与相量式如下：

$$u_A = U_m \sin\omega t$$
$$u_B = U_m(\omega t - 120°)$$
$$u_C = U_m(\omega t + 120°)$$

其中，U_m 为电压的最大值，$U_m = E_m$。

对称三相电压的波形如图 3-4 所示。

对称三相电压的相量表达式为

$$\dot{U}_A = U_P \underline{/0°}$$

$$\dot{U}_B = U_P \underline{/-120°}$$

$$\dot{U}_C = U_P \underline{/+120°}$$

$$U_P = \frac{U_m}{\sqrt{2}}$$

其中，U_P 为三相电压的有效值。

3.2.2　三相电源的接法

三相绕组有星形(亦称 Y 形)接法和三角形(亦称△形)接法，三相电源的星形接法如图 3-5(a)所示。

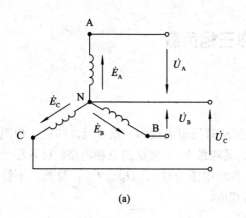
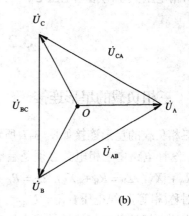

图 3-5　三相电源的星形接法

(a) 三相电源的星形连接；(b) 相电压与线电压的相量图

从三相电源三个相头 A、B、C 引出的三根导线称为端线或火线，任意两个火线之间的电压称为线电压。

线电压 $\dot{U}_{AB} = \dot{U}_A - \dot{U}_B = \sqrt{3}\dot{U}_A \underline{/30°} = \sqrt{3}U_P \underline{/30°}$，$\dot{U}_{AB}$ 比 $\dot{U}_A$ 超前30°；

线电压 $\dot{U}_{BC} = \dot{U}_B - \dot{U}_C = \sqrt{3}\dot{U}_B \underline{/30°} = \sqrt{3}U_P \underline{/-90°}$，$\dot{U}_{BC}$ 比 $\dot{U}_B$ 超前30°；

线电压 $\dot{U}_{CA} = \dot{U}_C - \dot{U}_A = \sqrt{3}\dot{U}_C \underline{/30°} = \sqrt{3}U_P \underline{/150°}$，$\dot{U}_{CA}$ 比 $\dot{U}_C$ 超前30°。

星形公共连接点 N 称为中点，从中点引出的导线称为中线或零线，任意一个端线与中线之间的电压称为相电压。在星形接法中如图 3-5(b)所示相量图得到以下结论：

线电压大小(有效值)为

$$U_L = \sqrt{3}U_P$$

三相电源的三角形接法及其相量图如图 3-6 所示，显然线电压等于相电压，即大小相等，$U_L = U_P$，相位相同，并且没有中点和中线。

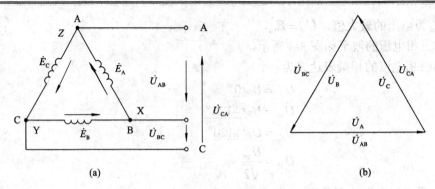

图 3-6　三相电源的三角形接法

(a) 三相电源的三角形连接；(b) 相电压与线电压的相量图

　　特别需要注意的是，在工业用电系统中如果只引出三根导线(三相三线制)，那么这三根导线都是火线(没有中线)，所谓三相电压大小均指线电压 U_l；而民用电源则需要引出中线，所谓电压大小均指相电压 U_p。

3.3　对称三相负载

3.3.1　三相负载的星形连接

　　三相负载的星形连接如图 3-7 所示。该接法有三根火线和一根零线，叫做三相四线制电路，这种电路中三相电源必须是星形接法，又叫做 Y-Y 接法的三相电路。设各相负载为 $Z_A = R_A + jX_A$，$Z_B = R_B + jX_B$，$Z_C = R_C + jX_C$；各相电压为 $\dot{U}_A$、$\dot{U}_B$、$\dot{U}_C$；显然，不管负载是否对称(相等)，线电压 $\dot{U}_{AB}$、$\dot{U}_{BC}$、$\dot{U}_{CA}$ 与相应的相电压之间的关系仍然满足线电压 $\dot{U}_{AB}$、$\dot{U}_{BC}$、$\dot{U}_{CA}$ 的关系式，且负载的相电流等于线电流

$$\dot{I}_A = \dot{I}_{ZA}, \quad \dot{I}_B = \dot{I}_{ZB}, \quad \dot{I}_C = \dot{I}_{ZC}$$

$$\dot{I}_A = \frac{\dot{U}_A}{Z_A}, \quad \dot{I}_B = \frac{\dot{U}_B}{Z_B}, \quad \dot{I}_C = \frac{\dot{U}_C}{Z_C}$$

中线电流为

$$\dot{I}_N = \dot{I}_A + \dot{I}_B + \dot{I}_C$$

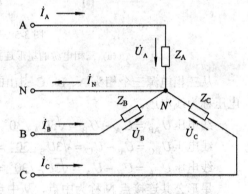

图 3-7　三相负载的星形连接

　　当三相负载对称时，即 $Z_A = Z_B = Z_C = Z$，相电流或线电流也一定对称(称为 Y-Y 形对称三相电路)，即相电流或线电流振幅相等、频率相同、相位彼此相差 120°。易于证明：其相量和与中线电流为

$$\dot{I}_N = \dot{I}_A + \dot{I}_B + \dot{I}_C = 0$$

所以，中线可以去掉，形成三相三线制电路。也就是说，对于对称负载，不必关心电源的

接法，只需关心负载的接法。

3.3.2 三相负载的三角形连接

负载作三角形连接如图 3-8 所示，一般为对称负载，并且只能形成三相三线制电路，此时各相负载的相电压是线电压。设各相负载为

$$Z_{AB} = R_{AB} + jX_{AB},$$

$$Z_{BC} = R_{BC} + jX_{BC},$$

$$Z_{CA} = R_{CA} + jX_{CA}$$

各负载的相电流分别等于相应的相电压(也是线电压)除以负载阻抗

$$I_P = \frac{U_L}{|Z|} = \frac{U_P}{|Z|}$$

借助相量图可以证明，线电流为

$$I_L = \sqrt{3} I_P$$

线电流比相应的相电流滞后 30°，如

$$\dot{I}_A = \sqrt{3} \dot{I}_{AB} \underline{/-30°}$$

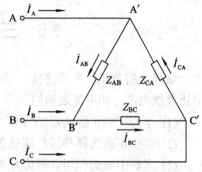

图 3-8 三相负载的三角形连接

3.4 三相电路的功率

3.4.1 星形负载的功率

设星形连接的各相负载为 $Z_A = R_A + jX_A$，$Z_B = R_B + jX_B$，$Z_C = R_C + jX_C$，则第 i 相负载的有功功率为 $P_i = I_P^2 R_i = U_P I_P \cos\varphi_i$，$\varphi_i = \text{arctg}(X_i/R_i)$，$i = A$、B、C。

三相负载的有功功率为

$$P = P_A + P_B + P_C$$

易于证明，在对称三相电路中，由于各相负载相同，各相电压大小相等，各相电流也相等，所以三相功率为

$$P = 3U_P I_P \cos\varphi = \sqrt{3} U_L I_L \cos\varphi \tag{3-1}$$

φ 为对称负载的阻抗角，也是负载相电压与相电流之间的相位差。三相电路的视在功率为

$$S = 3U_P I_P = \sqrt{3} U_L I_L \tag{3-2}$$

三相电路的功率因数为

$$\lambda = \frac{P}{S} = \cos\varphi \tag{3-3}$$

3.4.2 三角形负载的功率

设各相负载为 $Z_{AB} = R_{AB} + jX_{AB}$，$Z_{BC} = R_{BC} + jX_{BC}$，$Z_{CA} = R_{CA} + jX_{CA}$，$i$ 相负载的有功

功率为

$$P_i = I_\mathrm{P}^2 R_i = U_\mathrm{P} I_\mathrm{P} \cos\varphi_i , \quad \varphi_i = \mathrm{arctg}\frac{X_i}{R_i} , \quad i = \mathrm{AB}、\mathrm{BC}、\mathrm{CA}$$

　　易于证明，在对称三相电路中，由于各相负载相同、各相电压大小相等、各相电流也相等，三相功率 P、视在功率 S、功率因数 λ 同式(3-1)、式(3-2)和式(3-3)。

3.5　三相交流负载的连接实践

　　掌握三相负载的星形连接，三角形连接的方法，验证这两种接线方法下，线电压、相电压及线电流、相电流之间的关系。充分理解三相四线制供电系统中中线的作用。

　　(1) 学习三相负载的星形(Y)，与三角形(△)接法，正确连接线路。

　　(2) 学会正确选择和较熟练地使用电流表和电压表。

　　(3) 了解中线的作用，验证星形对称三相电路中相电压与线电压之间的关系。

3.5.1　三相负载星形(Y)连接

1. 实践步骤

　　(1) 接线。如图 3-9 所示为三相负载的星形连接接线，电流表在测量中断开连接。

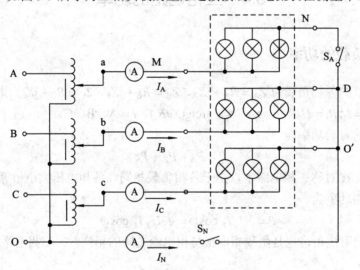

图 3-9　三相负载的星形连接

　　(2) 负载对称时的情况：

　　① 开关 S_A 合上，开关 S_N 打开，负载对称情况下接通三相电源，逐步升高，三相调压器的输出电压 U_AO 为 190 V。分别测量电流 I_A、I_B、I_C 和电压 $U_\mathrm{ao'}$、$U_\mathrm{bo'}$、$U_\mathrm{co'}$、U_ab、U_bc、U_ca、$U_\mathrm{oo'}$，检测的数据记录在相应的表格中。

　　② 合上开关 S_N，测中性线电流 I_N 以及步骤①中的各电流、电压有效值，检测的数据记录在相应的表格中。

(3) 负载不对称时的情况：

① 开关 S_A 合上，开关 S_N 打开，将 A 相负载取走两只灯泡，使三相负载不对称，接通三相电源，调三相调压器的输出电压 U_{ao} 为 190 V，测量 $U_{ao'}$、$U_{bo'}$、$U_{co'}$、U_{ab}、U_{bc}、U_{ca}、$U_{oo'}$ 及 I_A、I_B、I_C，检测的数据记录在相应的表格中。

② 再合开关 S_N，测线电流 I_N，以及步骤②中的各电压、电流有效值，检测的数据记入表 3-1 中，并注意观察各相灯泡亮度的变化。

(4) 故障情形：

① 开关 S_N 合上，U_{ao} 为 190 V 时打开 S_A，测量电压 $U_{ao'}$、$U_{bo'}$、$U_{co'}$、U_{ab}、U_{bc}、U_{ca}、$U_{oo'}$ 和电流 I_A、I_B、I_C，检测的数据记录在相应的表格中。在这种情形下，用试电笔由 a 点开始，依次测量 a、M、N、D 各处对地的电压，留心观察试电笔氖泡何处由亮变暗，并由此总结三相四线制电路中，一相负载开路故障点的寻找方法。

② 打开开关 S_A 和 S_N，U_{ao} 为 190 V 时，测量电路中的 $U_{ao'}$、$U_{bo'}$、$U_{co'}$、U_{ab}、U_{bc}、U_{ca}、$U_{oo'}$ 及 I_A、I_B、I_C，检测的数据记录在相应的表格中。

③ 开关 S_N 打开，调三相调压器使输出电压 U_{ao} 为 127 V，在 A 相负载短路的情形下测量 U_{ao}、U_{bo}、U_{co}、U_{ab}、U_{bc}、U_{ca}、$U_{oo'}$ 和电流 I_A、I_B、I_C，检测的数据记录在相应的表格中。

以上各项实验中，电流有效值均由 0.5 级电流表读出。

2. 注意事项

A 相负载短路实验不能在有中线的情形下进行。

3.5.2 三相负载三角形(△)连接

1. 实践步骤

(1) 三相负载的三角形连接如图 3-10 所示，电流表在测量中断开连接。

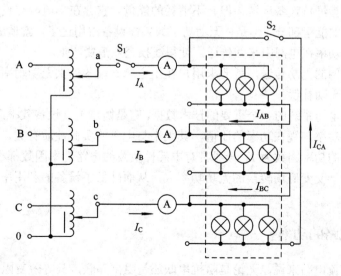

图 3-10 三相负载的三角形连接

(2) 在开关 S_1 和 S_2 合上、三角形负载对称的情形下，接通三相电源，调节三相调压器的输出电压 U_{ab} 为 380 V，测量各线电压、线电流及负载相电流的有效值。检测的数据记录在相应的表格中。

(3) 开关 S_1 打开，S_2 仍然闭合，重新测量各线电压、线电流及负载相电流的有效值并记录在相应的表格中。

(4) 开关 S_1 打开、开关 S_2 合上时，测量各线电压、线电流及负载相电流的有效值并记录在相应的表格中。

(5) 三角形负载对称时，每相负载为相同规格的电灯并联之后组成的。现从 A 相取下两只灯泡，使 A 相负载为一只相同规格的灯泡。S_1 和 S_2 两只开关均闭合，仍调节调压器输出电压 U_{ab} 为 380 V，测量各线电压、线电流和负载相电流并记录在相应的表格中。

2. 接线实践注意事项

(1) 接线实践采用三相交流配电，应注意人身安全，不可触及导电部件，防止意外事故的发生。

(2) 每次测量电流时，应关闭电源后再接线，切勿带电操作。

(3) 每次接完线，同组同学应自查一遍，然后由指导教师检查后，方可接通电源，必须严格遵守先接线，后通电；先断电，后拆线的实验操作原则。

3.6　感性负载及功率因数的提高

通常情况下，一般把带有电感参数的负载称之为感性负载。确切地讲，是负载电流滞后负载电压一个相位差特性的为感性负载，如变压器、电动机等负载都称为感性负载。感性负载也就是指有些设备在消耗有功功率的同时还会消耗无功功率。

有功功率是指设备消耗后转换为其他能量的功率。

无功功率是指维持设备运转，但并不消耗的能量。它存在于电网与设备之间，是电网和设备不可缺少的能量部分。但是，无功功率如果被设备占用过多，就造成电网效率低下，同时，大量无功功率在电网中来回传送，使得线损企业浪费严重。

为了减少电网的无功传送，就要求用户在用电端给设备提供无功功率，这种提供无功功率的行为就是无功补偿。

功率因数是电力系统的一个重要的技术数据，它是衡量电气设备效率高低的一个系数。功率因数是有功功率与视在功率的比值，其大小与电路的负荷性质有关，如白炽灯泡、电阻炉等电阻负荷的功率因数为 1，一般具有电感性负载的电路功率因数都小于 1。功率因数低，说明电路用于交变磁场转换的无功功率大，从而降低了设备的利用率，增加了线路供电损失。

3.6.1　交流电路的功率

对于正弦交流电路来说，无论是阻抗串联还是阻抗并联，其等效复阻抗 Z 总是由实部与虚部组成，即

$$Z = R + jX = |Z| \angle \varphi = |Z| \cos \varphi + j |Z| \sin\varphi \tag{3-4}$$

阻抗角 φ 代表路端电压 $\dot{U}$ 总电流 $\dot{I}$ 的相位差，式(3-4)中阻抗 Z 的实部 $R = |Z| \cos\varphi$、虚部 $X = |Z| \sin\varphi$，$|Z| = U/I$。

复阻抗的实部(电阻部分)表示消耗电能的部分，虚部(电抗部分)表示储存电能部分。前者的的功率为实际消耗的功率，叫做有功功率(即平均功率)，用符号 P 表示，单位为 W；后者实际上不消耗功率，应用无功功率表示在单位时间内与电源交换能量的快慢，用符号 Q 表示，单位为 var。

有功功率的计算公式为

$$P = I^2R = UI \cos\varphi = UI\lambda \tag{3-5}$$

其中，$\lambda = \cos\varphi$ 叫做功率因数(无量纲)，功率因数越大(即阻抗角越小)，有功功率也越大。

特别需要指出的是，有功功率 P 总是等于电路中所有电阻消耗的功率，也可以直接计算电路中的电阻消耗功率来求得电路的有功功率。

无功功率的计算公式为

$$Q = I^2X = UI \sin\varphi = UI\lambda \tag{3-6}$$

如果，$X > 0$，即 $\varphi > 0$，则 $Q > 0$，表明电路呈感性；如果 $X < 0$，即 $\varphi < 0$，则 $Q < 0$，表明电路呈容性。

电力工程上将交流电路的路端电压 U 与总电流 I 的乘积叫做视在功率，用符号 S 表示，单位为伏安(VA)。即

$$S = UI = I^2|Z| = \frac{U^2}{|Z|} \tag{3-7}$$

P、Q、S 之间呈三角形关系(叫做功率三角形)，即

$$S = \sqrt{P^2 + Q^2} \tag{3-8}$$

显然功率因数 $\lambda = P/S$。

如果路端电压 $\dot{U}$ 总电流 $\dot{I}$ 同相，即电路处于谐振状态，则有 $\varphi = 0$，$X = 0$，$Q = 0$，$S = P$。

3.6.2　提高感性负载功率因数的意义

在交流电力系统中，负载多为感性负载。例如，常用的感应电动机，接上电源时要建立磁场，它除了需要从电源取得有功功率外，还要由电源取得磁场的能量，并与电源作周期性的能量交换。在交流电路中，负载从电源接受的有功功率 $P = UI \cos\varphi$，显然与功率因数有关。功率因数低将引起下列不良后果：

(1) 负载的功率因数低使电源设备的容量不能充分利用。电源设备(发电机、变压器等)是依照它的额定电压与额定电流设计的。例如，一台容量为 $S = 100$ kVA 的变压器，若负载的功率因数 $\lambda = 1$ 时，则此变压器只能输出 100 kW 的有功功率，若 $\lambda = 0.6$ 时，则此变压器只能输出 60 kW 的有功功率，也就是说，变压器的容量未能充分利用。

(2) 在一定的电压下向负载输送一定的有功功率时，负载的功率因数越低，输电线路

的电压降和功率损失越大。这是因为输电线路电流 $I = P/(U\cos\varphi)$，当 $\lambda = \cos\varphi$ 较小时，I 必然较大，输电线路上的电压降也要增加。因为电源电压一定，所以负载的端电压将减少，影响负载的正常工作。从另一方面看，电流 I 增加，输电线路中的功率损耗也要增加，因此，提高负载的功率因数对科学地使用电能有着重要的意义。

常用的感应电动机在空载时的功率因数约为 0.2～0.3，而在额定负载时约为 0.83～0.85，不装电容器的日光灯，功率因数为 0.45～0.6，应设法提高这类感性负载的功率因数，以降低输电线路电压降和功率损耗。

3.6.3　提高功率因数的方法

提高感性负载功率因数比较简便的方法，是用适当容量的电容器与感性负载并联。这样可以使电感中的磁场能量与电容器的电场能量进行交换，从而减少电源与负载之间能量的互换。利用相量图分析方法可以看出在感性负载两端并联一个适当的电容后，对提高电路的功率因数十分有效。

感性负载功率因数的提高如图 3-11 所示，感性负载相当于一只电阻 R 与电感 L 串联而成，感性负载 RL 未并联电容 C 前(开关 S 断开)，电路中电流 $\dot{I} = \dot{I}_L$ 比电源电压 $\dot{U}$ 滞后一角度 φ(提高功率因数的原理相量图如图 3-12 所示)，此时电路的功率因数为 $\cos\varphi$。

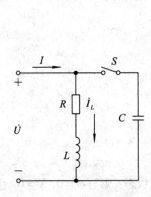

图 3-11　感性负载功率因数的提高

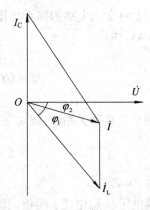

图 3-12　提高功率因数的原理相量图

当在 RL 两端并联电容 C 以后(开关 S 闭合)，感性负载两端电压并未改变(仍为 $\dot{U}$)，RL 支路中的电流 $\dot{I}_L$ 也不变(仍比电源电压 $\dot{U}$ 滞后一角度 φ_1)。因为电容 C 支路中的电流 $\dot{I}_C$ 比电源电压 $\dot{U}$ 超前90°，这时总电流 $\dot{I} = \dot{I}_L + \dot{I}_C$，所以 $\dot{I}$ 比电源电压 $\dot{U}$ 滞后的角度减小到 φ_2。若电容 C 值选的合适(亦即 $\dot{I}_C$ 大小适当)，可以提高电路的功率因数，即功率因数从 $\cos\varphi_1$ 提高到 $\cos\varphi_2$。

借助图 3-12 容易证明：对于额定电压为 U、额定功率为 P、工作频率为 f 的感性负载 RL 来说，将功率因数从 $\lambda = \cos\varphi_1$ 提高到 $\lambda = \cos\varphi_2$，所需并联的电容为

$$C = \frac{P}{2\pi f U^2}(\tan\varphi_1 - \tan\varphi_2)$$

其中，$\varphi_1 = \arccos\lambda_1$，$\varphi_2 = \arccos\lambda_2$，且 $\varphi_1 > \varphi_2$，$\lambda_1 < \lambda_2$。

3.7 电功率与电能的测量

3.7.1 电功率的测量

功率的测量是最基本的电工测量之一。直流电路的功率 $P = UI$，交流电路的功率 $P = UI\cos\varphi$(φ 为电压与电流的相位差，$\cos\varphi$ 为功率因数)。因此，测量功率的仪表在直流电路中能反映负载电压和电流的乘积；在交流电路中，除了能反映负载电压和电流乘积外，还需反映出它们间的相位关系。电动系功率表具有两组线圈，一组与负载串联，反映出流过负载的电流；另一组与负载并联，反映出负载两端的电压。实践证明，电动系功率表是一种测量功率的理想仪表。

1．功率表的接线方法

单量程功率表有四个接线端钮，其中两个是电流线圈端钮，另两个是电压线圈端钮。通常在电流支路的一端(简称电流端)和电压支路的一端(简称电压端)标有"*"号。

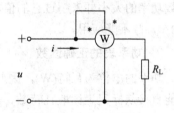

图 3-13　电功率表的正确接线方法

测量直流或单相交流电路功率的接线方法如图 3-13 所示。电流必须同时从电流和电压端流进，即功率表标有"*"号的电流端钮必须接至电源的一端，而另一个电流端钮接至负载端。功率表的读数是被测负载的功率。

经常出现的错误接线方法有三种：一是电流端钮反接，二是电压端钮反接，这两种情况均使功率表的活动部分朝相反方向偏转。因此，不仅无法读数，而且仪表指针容易打弯，这是不允许的。三是两对端钮同时反接，虽然指针不会反转，但由于电压线圈的分压电阻很大，电压几乎全部降在分压电阻上，使电压线圈和电流线圈之间产生很高的电压。由于电场力的作用，将引起仪表的附加误差，并有可能发生绝缘被击穿的危险，因此，也是不允许的。

如果功率表的接线正确，但发现指针反转，就说明负载端实际上含有电源，它向电路反馈电能。若要读数，则应将电流线圈反接(即对换电流端钮上的接线)。

2．功率表量限的选择

功率表通常做成多量限的，一般有两个电流量限、两个或三个电压量限。通过选用不同的电流和电压量限获得不同的功率量限。

例如，D19-W 型功率表的额定值为 5/10 A 和 150/300 V，其功率量限可以计算如下：
在 5 A、150 V 量限，功率量限为：$5 \times 150 = 750$ W；
在 5 A、300 V 或 10 A、150 V 量限，功率量限为：5×300 或 $10 \times 150 = 1500$ W；
在 10 A、300 V 量限，功率量限为：$10 \times 300 = 3000$ W。

可见，选择功率表测量的量限事实上是要正确选择功率表中的电流量限和电压量限，必须使电流量限能允许通过负载电流，电压量限能承受负载电压，这样测量功率的量限自然充足。反之，如果选择时只注意测量功率的量限是否充足，而忽视了电压、电流量限是否和负载电压、电流相适应，将会造成错误。

例如，有一感性负载，其功率约为 800 W，电压为 220 V，功率因数为 0.8，需要用功率表去测量它的功率数值，应怎样选择功率表的量限？

因负载电压为 220 V，故应选功率表的电压额定值为 250 V 或 300 V 的量限。

估算负载电流为

$$I = \frac{P}{U\cos\varphi} = 4.55 \text{ A}$$

故功率表的电流量限可选 5 A。

若选择额定电压为 300 V，额定电流为 5 A 的功率表时，则它的功率量限为 1500 W，能够满足测量要求。

若选用额定电压为 150 V，额定电流为 10 A 的功率表，则功率量限虽然仍为 1500 W，负载功率的大小并未超过它的值，但是，因负载电压 220 V 已超过功率表所能承受的电压 150 V，故不能应用。

3. 功率表的正确读数

功率的单位为瓦特(W)，因此功率表通常又称瓦特表或瓦特计。用瓦特表测量功率时，不能直接从标尺上读取瓦特数，这是由于功率表通常有几种电流和电压量程，而标尺只有一条，因此，功率表的标尺不标瓦特数，只标分格数。在选用不同的电流量限和电压量限时，每一分格代表不同的瓦特数。每一分格所代表的瓦特数称为功率表的分格常数。一般功率表附有表格，标明了功率表在不同电流、电压量限下的分格常数。测量时，在读取功率表的偏转格数后，只需乘上相应的分格常数，就等于被测功率的数值。

例如，选用额定电压为 300 V、额定电流 5 A、具有 $\alpha_m = 150$ 分格的功率表测量某电路的功率，获得功率表的偏转格数 $\alpha = 75$ 格。试确定该电路的功率大小。

该功率表的额定功率(量限)为 $P_e = 300 \times 5 = 1500$ W，则分格常数为 $C = P/\alpha_m =$ 1500/150 = 10 W/格，故被测电路的功率为 $P_e = C\alpha = 750$ W。

4. 三相电功率的测量

在掌握直流和单相交流电路功率的测量方法之后，易于理解三相交流电路的功率测量方法。对于三相三线制电路或者对称三相电路(无论是对称星形负载还是对称三角形负载)，均可采用两个单相功率表来测量电路消耗的功率，叫做两表法。接线方法如图 3-14 所示。容易证明：三相电路消耗的总功率 P 等于两只功率表读数 P_1、P_2 之和，即 $P = P_1 + P_2$(本书不加证明)。相当于两个单相功率表的三相功率表叫做二元三相功率表，它的读数是三相电路的总功率 P。

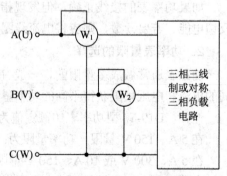

图 3-14 三相三线制或对称三相负载电路的功率测量

对于一般三相四线制电路应使用三个单相功率表分别测量各相功率，如图 3-15 示。三相电路消耗的总功率 P 等于每只功率表的读数 P_1、P_2、P_3 之和，即 $P = P_1 + P_2 + P_3$。相当于三只单相功率表的三相功率表叫做三元三相功率表，它的读数是三相电路的总功率 P。

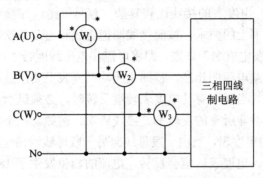

图 3-15 三相四线制电路的功率测量

关于二元或三元三相功率表的接线方法，一般仪表均有安装说明和接线图，读者也可以查阅专门的电工仪表书籍。

3.7.2 电能的测量

电度表是用来测量某一段时间内发电机发出电能及负载消耗电能的仪表。

电度表与功率表不同的地方是，它能反映出电能随时间增长而积累的总和。这决定了电度表需要有不同于其他仪表的特殊结构，即它的指示器不能像其他指示仪表一样停在某一位置，而应当随着电能的不断增长而不断转动，随时反映出电能积累的总数值。电度表都装有"计算机构"，它将活动部分的转动通过齿轮传动机件折换成被测电能的数值，并由一系列齿轮带动计数器，将电能的数值直接指示出来。因此，这种类型的仪表又叫"积算仪表"。显然，仪表应当有较大的转矩才能克服一系列传动机构的摩擦力矩，否则将无法运转。

1. 电度表的使用

了解电度表的结构和基本工作原理，对于正确使用电度表测量电能非常必要。下面简要介绍一下电度表的使用。

(1) 电度表的安装要求：通常要求电度表与配电装置在一处，装电度表的木板正面及四周边缘应涂防潮漆。木板应为实板，坚实干燥，不应有裂缝，拼接处要紧密平整，电度表要装在干燥、无震荡和无腐蚀气体的场所。表板的下沿离地面一般不低于 1.3 m。为了使线路的走向简洁而不混乱，电度表应装在配电装置左方或下方。为了查表方便，电度表的中心应装在离地面 1.5～1.8 m 处。并列安装多只电度表时，两表间的中心距离不应小于 20 cm。不同电价的用电线路应分别装表，同一电价的用电线路应合并装表。安装电度表时，表身必须与地面垂直，否则会影响电度表的准确度。

(2) 电度表的选择：根据用途选择电度表的类型。单相用电时，选用单相电度表；三相用电时，选用三相四线电度表或三只单相电度表；除成套配电设备外，一般不采用三相三线制电度表。根据负载的最大电流及额定电压，以及要求测量值的准确度选择电度表的型号，应使电度表的额定电压与负载的额定电压相符，而电度表的额定电流应大于或等于负载的最大电流；当没有负载时，电度表的铝转盘应该静止不转。当电度表的电流线路中无电流，而电压线路上有额定电压时，其铝盘转动不应超过潜动允许值。

(3) 电度表的接线：电度表的接线比较复杂，容易接错。在接线前要先查看附在电表上的说明书，根据说明书上的要求，按照接线图把进线和出线依次对号接在电度表的线头上。接线时，应遵守"发电机端"守则，即将电流和电压线圈带"*"的一端一起接到电源的同一极性端上。要注意电源的相序，特别是无功电度表更要注意相序。接线后经反复查对无误后才能合闸使用。当发现有功电度表转盘反转时，必须进行具体分析，有可能是由于错误接线引起的，但并非所有的反转都是接线错误。例如，在下列情况下反转是正常现象：① 装在联络盘上的电度表，当由一段母线向另一段母线输出电能，改为另一段母线向这一段母线输出电能时，电度表转盘会反转，电流的相位发生了 180° 的变化。② 当用两只单相电度表测定三相三线有功负载时，电流与电压的相角大于 60°，即 $\cos\varphi < 0.5$ 时，其中一个电度表会反转。

(4) 电度表的读数：使用电度表的目的是要知道被测负载所消耗电能的读数，因此，不仅要了解电度表的工作原理和接线方法，还要了解怎样从电度表的读数求得实际电度数。若电度表不经互感器直接接入线路，则可以从电度表直接读得实际电度数；若电度表利用电压互感器和电流互感器扩大量程时，应考虑电压互感器和电流互感器的电压变比和电流变比，实际消耗的电能应为电度表的读数乘以电流互感器和电压互感器的变比值。例如，当电度表上标有"$10 \times kW \cdot h$"、"$100 \times kW \cdot h$"等字样，表示应将电度表读数乘以 10 或 100，才是实际电度数。

2. 电度表的主要技术特性

电度表的主要技术特性如下所述：

(1) 准确度等级与负载范围：国家标准规定有功电度表准确度等级为 1.0 级和 2.0 级。在额定电压、额定电流、额定频率及 $\cos\varphi = 1$ 的条件下，1.0 级三相电度表工作 5000 小时以上，其他电度表工作 3000 小时以上，其基本误差仍应符合原来准确度等级的要求。在确定电度表的准确度等级，即确定它的基本误差(用相对误差表示)时，除了要满足一定的工作条件外，通过电度表的负载电流也应在规定的范围之内。电度表性能好坏的一个重要标志，是它所能应用的负载电流范围有一种"宽负载电度表"，可以扩大其使用电流的范围，在超过标定电流若干倍的范围内，仍能保证基本误差不超过原来规定的数值。而一般电度表在使用过程中，在电路上不允许短路或负载超过额定值。

(2) 灵敏度：电度表在额定电压、额定频率及 $\cos\varphi = 1$ 的条件下，负载电流从零开始均匀增加，直至铝盘开始转动，此时的最小电流与标定电流的百分比叫做电度表的灵敏度。国家标准中规定，该电流不应大于标定电流的 0.5%。例如，5 A 2.0 级的电度表，该电流不大于 $5 \times 0.5\% = 0.025$ A。

(3) 潜动：所谓潜动是指电度表无载自转。按规定，当电度表的电流线路中无电流，而加于电压线路上的电压为额定值的 80%～110% 时，在限定时间内潜动不应超过 1 整转。

(4) 功率消耗：当电度表电流线圈中无电流时，在额定电压及额定频率下，单相电度表电压线路中和三相电度表单个电压线路中所消耗的功率，不应超过表 3-1 中的值。

表 3-1　单相电度表电压线路消耗的功率表　　　　W

单相电度表	等　级	电压线路功率消耗
有功电度表	2.0	≤1.5
有功电度表	1.0	≤3.0
无功电度表	3.0	≤1.5
无功电度表	2.0	≤3.0

(5) 其他：电度表还有其他一些特性，如电压的影响、温度的影响、频率的影响、倾斜的影响和外磁场的影响等等。在各种标准中，这些特性有详细的规定，这里不再详述。

习 题 三

1. 三相发电机是星形接法，负载也是星形接法，发电机的线电压 $U_L = 1000$ V，负载每相均为 $R = 50\ \Omega$，$X_L = 30\ \Omega$。试求：① 相电压；② 相电流；③ 线电流。

2. 三相四线制电路中，电源线电压 $U_L = 380$ V，三相负载都是 $Z = 100\ \Omega$。求各相电流和三相功率。

3. 连接成三角形的对称负载，接在一对称的三相电压上，线电压为 380 V，负载每相阻抗 $Z = 8 + j6\ \Omega$。求负载的相电压、相电流、线电流和三相功率。

4. 在线电压为 380 V 的三相四线制线路上，接有星形负载：A 相为电阻 $R_A = 10\ \Omega$，相为电阻 $R_B = 10\ \Omega$，$X_B = 20\ \Omega$ 串联；C 相为电阻 $R_C = 10\ \Omega$ 和容抗 $X_C = 10\ \Omega$ 串联。试求各相电流与中线电流 I_N。

5. 三相电动机(为对称负载)接于 380 V 线电压上运行，测得线电流为 14.9 A，功率因数为 0.886。求电动机的功率。

6. 三相四线制电路中，线电压为 380 V，在 A 相接 20 盏灯，B 相接 30 盏灯，C 相接 40 盏灯(灯泡均为并联)，灯泡的额定电压皆为 220 V，功率皆为 100 W。问电源供给的功率是多少瓦？

7. 对称三相感性负载在线电压为 380 V 的三相电源作用下，通过的线电流为 17.2 A，输入功率为 7.5 kW。求负载的功率因数。

8. 一个三相对称负载连成三角形，接到线电压 $U_L = 380$ V 电源上，从电源上取用的功率为 7.5 kW，感性负载功率因数为 0.8。求三相负载的相电流、线电流。

9. 三相电源的线电压 $U_L = 380$ V。要制造一台 12kW 的电阻加热炉，现有额定电压为 220 V，功率为 2 kW 的电阻丝，能否用这种电阻丝构成要求的电阻炉？若可以，请画出线路图，说明需要电阻元件的数目，并计算出这个电路的相电流、线电流。

10. 已知感性负载(RL 串联)的额定参数是功率 $P = 132$ W，工频电压 $U = 220$ V，电流 $I = 1$ A。试求把电路功率因数提高到 0.95 时，应使用一只多大的电容 C 与该负载并联？

11. 教学楼有功率为 60 W，功率因数为 0.5 的日光灯 200 只，并联在 200 V、$f = 50$ Hz 的电源上。求此时电路的总电流 I。如果要把该电路的功率因数提高到 0.9，应在每只日光灯两端并联一只多大的电容？

第四章　三相异步电动机的控制

根据生产机械的工作性质及加工工艺的要求，利用各种控制电器可以实现对电动机的控制。控制线路多种多样，任何控制线路都是由一些比较简单、基本的控制线路所组成。熟悉和掌握基本控制线路是学习和分析电气线路的基础。

4.1　常用低压电器

低压电器是指能自动或手动通断电路，对电量或非电量起到转换、保护、控制、调节和检测等作用的电器。它在交流电压 1000 V 或直流电压 1200 V 以下工作，是电力拖动自动控制系统的基本组成元件。

下面主要介绍常用低压电器的结构、原理、功能及其符号，为电器的选择和使用打下基础。

1. 刀开关

刀开关是一种结构简单的开启式手控电器。一般不用来切断负载电路，仅起电源隔离开关的作用。刀开关主要由手柄、触刀、静插座、支座和绝缘底板组成，刀开关结构如图 4-1(a) 所示。

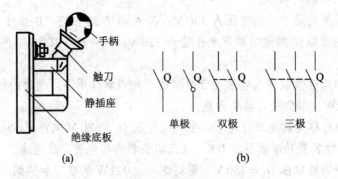

图 4-1　刀开关结构与图形符号和文字符号

(a) 刀开关结构；(b) 图形符号和文字符号

刀开关的额定电压有 380 V 和 500 V 两种，额定电流有 100 A、200 A、400 A、600 A、1000 A、1500 A 六种。极数可分为单极、双极和三极三种。刀开关图形符号和文字符号如图 4-1(a) 所示。

选用刀开关时，刀开关的额定电流应大于或等于被控制电路中各负载的额定电流总和。如果负载是小容量电动机，刀开关的额定电流就大于电动机的启动电流(一般启动电流为额定电流的 4～7 倍)。

刀开关作电源隔离开关使用时，必须在无负载的情况下进行合闸和断开，即在供电时，应先合刀开关，再合负载开关，在断电时则相反。

刀开关应垂直安装，静插座装在上方，防止支座松动时触刀因自重下落误合闸，造成意外事故。

2．组合开关

组合开关又称转换开关。其实质仍然是刀开关，所不同的是它的转轴把手柄与绝缘垫板上的动触头连在一起。手柄转动时，各动触头分别与静触头接通或断开。组合开关主要由手柄、转轴、凸轮、动触片和静触片等部件组成。组合开关常用作电源的引入开关，也可控制小容量电动机的启动、变速、停止及局部照明电路。

3．自动开关

自动开关又称自动空气短路器或自动空气开关，是常用的一种低压保护电器，自动开关可实现短路、过载和失压保护。

自动开关主要由触头、灭弧系统、脱扣器和操作机构组成。它常用来控制不频繁启动的电动机或通断配电线路。自动开关具有结构紧凑、体积小、分断能力高、动作值可调等优点，因此得到广泛应用。

自动开关的原理图和符号如图 4-2 所示。(a)图中的三对主触点串接在三相主电路中，图示状态是主触头被脱扣机构锁定在闭合状态上。热脱扣器的热元件与过电流脱扣线圈是串联在主电路中的，而欠压脱扣器线圈与主电路并联。

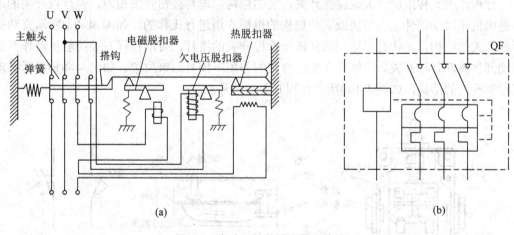

图 4-2　自动开关的原理图和符号

(a) 原理图；(b) 符号

当电路过载时，脱扣器的双金属片向上弯曲，推动脱扣机构动作而自动脱扣，使主触头分断，电路受到过载保护。

当电路短路或严重过载时，过电流脱扣器因电磁吸力增大将衔铁吸合使脱扣机构动作，达到短路保护目的。电路正常工作时，衔铁不被吸合，也不会断开电路。当电路电压正常时，欠电压脱扣器衔铁保持吸合状态。而当电路电压下降到某一定值，致使电磁吸力小于弹簧拉力时，则衔铁释放，推动脱扣机构动作，起到欠电压保护作用。

4. 按钮开关

按钮开关又称控制按钮。在控制线路中，常用它来发出电动机的启动、停止、反转等各种"指令"。如图4-3所示按钮开关的结构和符号，它由按钮帽、复位弹簧、常闭触头、常开触头和外壳等组成。工作时按下按钮，动触点向下移动，使常闭触头断开，然后接通常开触头；松开按钮后，在复位弹簧的作用下，各触头恢复原始状态。

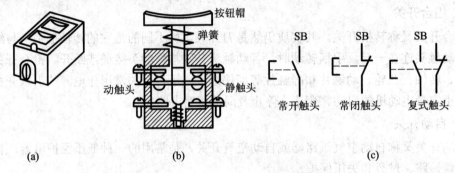

图4-3 按钮开关的结构和符号

(a) 按钮开关外形；(b) 按钮开关结构；(c) 按钮开关符号

在按钮开关的上面常涂以绿、红等颜色，用以区分启动(常开)按钮和停止(常闭)按钮。

按钮开关允许通过的额定电流较小，如LA19系列为5 A。在选择按钮开关时，通常根据常开触头和常闭触头的数量、控制功率等要求来选用。

5. 行程开关

行程开关又称限位开关或位置开关，它的结构原理与按钮开关相同，但行程开关的动作是由机床运动部件上的撞块或其他机构的机械作用进行操作的。如图4-4(a)所示直动式行程开关的结构，工作时，运动部件压下行程开关的推杆，带动行程开关的触头动作。当运动部件离开行程开关后，触头在复位弹簧的作用下恢复原来位置。如图4-4(b)所示微动式行程开关的结构，如图4-4(c)所示行程开关的符号。

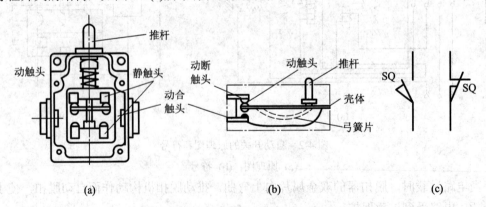

图4-4 行程开关的结构和符号

(a) 直动式；(b) 微动式；(c) 符号

行程开关常用来对机械部件的行程和位置进行控制，例如，机床工作台的自动往复循环或用来作为机械设备的移动限位保护。

常用的行程开关还有双轮旋转式。双轮旋转式要依靠运动部件反向运动，带动行程开关恢复位置。

行程开关主要根据动作要求及复位方式、触头数等要求来选择。

6. 熔断器

熔断器是一种简便和有效的短路保护电器。熔断器内的主要部件是熔体，有的熔体做成丝的形状，称为熔丝。熔体由熔点较低的合金制成。它串联在被保护电路中，当电路发生短路或严重过载时，熔体内因通过很大的电流而发热熔断，以达到保护线路和电器设备的目的。常用的熔断器有插入式和螺旋式，它的外形、结构和符号如图 4-5 所示。RCL1A 系列熔断器由瓷盖、瓷底、动触头、静触头、熔丝(即熔体)等部分组成。它的额定电压为 380 V，额定电流范围为 5~200 A。RL1 系列熔断器由瓷帽、熔断管(内装熔体)、瓷套、上接线端、下接线端和座子组成。它的额定电压为 500 V，额定电流范围为 15~200 A。

选择熔断器时，熔断器的额定电压应大于或等于线路的额定电压，熔断器的额定电流应大于或等于熔体的额定电流。

选择熔体时，对于电阻性电路(如照明、电热等电路)，熔体额定电流应大于或等于电阻负载的额定电流；对于保护单台电动机的电路，熔体额定电流应大于或等于电动机额定电流的 1.5~2.5 倍；对保护多台电动机电路，熔体额定电流应大于或等于最大一台电动机额定电流的 1.5~2.5 倍和其余电动机额定电流之和。

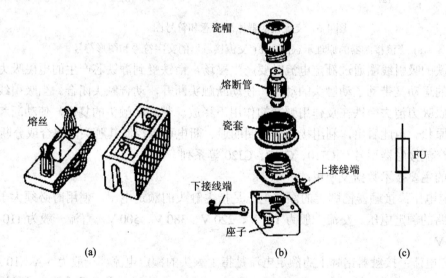

图 4-5　熔断器结构和符号

(a) RC1A 系列结构；(b) RL1 系列结构；(c) 图形符号和文字符号

7. 交流接触器

交流接触器是依靠电磁力的作用使触头闭合或分离来接通或分断带有负载电路的自动切换电器。它是电力拖动系统中应用最广泛的电器之一，其原理示意如图 4-6(a)所示，交流接触器由电磁机构、触头系统和灭弧装置三个主要部分组成。

电磁机构由动铁芯，静铁芯(衔铁)和线圈三部分组成。为了减少涡流影响，铁芯由硅钢片叠成并装有为消除磁铁振动的分磁环。

触头系统通常由三对动合(常开)主触头、两对动合(常开)和动断(常闭)辅助触头组成。主触头用于通断大电流的主电路；辅助触头用于控制电路，只能通过较小的电流(5 A 以下)，作为电气自锁和联锁用。为了减小接触电阻且耐灼烧，触头一般用银或银合金制成。另外，银的黑色氧化物对接触电阻影响不大，其主触头结构形式常采用双断点桥式。

灭弧装置采用陶土灭弧罩，其作用是将动、静触头在断开大电流电路时产生的电弧迅速熄灭，从而防止电弧的危害。

交流接触器的文字符号和图形符号如图 4-6(b)所示。

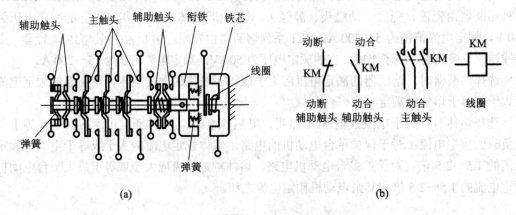

图 4-6　交流接触器原理示意和符号图

(a) 交流接触器的原理示意图；(b) 交流接触器的文字符号和图形符号

当电磁铁的吸引线圈通过额定电流时要产生磁场，衔铁受到静铁芯产生的电磁吸力而吸合，衔铁的运动又带动了动触头的动作，使动断触头断开，动合触头闭合。当吸引线圈断电时，电磁吸力消失衔铁在反作用弹簧的作用下释放，带动动触头的复位，使动断和动合触头恢复原状。由此看出，利用接触器线圈的通、断电可以控制其触头的闭合或分断。

常用的交流接触器型号有 CJ10、CJ12、CJ20 等系列。

接触器的主要技术数据及使用：

(1) 额定电压：接触器铭牌上的额定电压是指主触头的额定电压，使用时必须大于或等于负载电路的额定电压。交流一般为 127 V、220 V、380 V、500 V。直流一般为 110 V、220 V、440 V。

(2) 额定电流：接触器铭牌上的额定电流是指主触头的额定电流，一般为 5 A、10 A、20 A、40 A、60 A、100 A、150 A、250 A、400 A、600 A。使用时应大于或等于被控回路的额定电流。

(3) 吸引线圈额定电压：交流一般为 36 V、127 V、220 V、380 V 四种，直流一般为 24 V、48 V、110 V、220 V、440 V 五种。使用时吸引线圈的额定电压应与所接控制电路电压一致。

(4) 额定操作频率：指接触器每小时接通的次数，即次/小时。一般交流最高为 600 次/小时。直流吸引线圈的电流为一常值，所以直流接触器的额定操作频率比交流接触器高，最高达次 1200 次/小时。

8. 中间继电器

中间继电器主要由线圈、铁芯和触头等部分组成。它的工作原理与交流接触器一样，当线圈通过电流时，电磁铁带动触头动作。所不同的是它的触头容量较小，触头对数很多，通常具有八对触头，可组成四对动合触头和四对动断触头。

中间继电器在控制电路中常用来传递信号；把小功率信号转换成大功率信号；把单路控制信号转换成多路控制信号；有时也用中间继电器直接控制小容量电动机的启动和停止。如图 4-7 所示 JZ7 系列中间继电器的外形和符号。

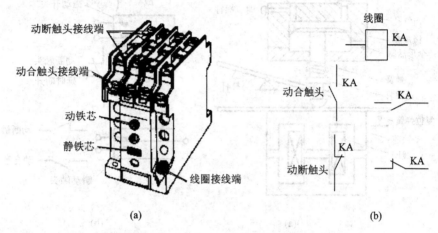

动断触头接线端
动合触头接线端
动铁芯
静铁芯
线圈接线端
线圈
KA
动合触头
KA
KA
动断触头
KA
KA

(a)　　　　　　　(b)

图 4-7　JZ7 系列中间继电器的外形和符号

(a) 外形；(b) 图形符号和文字符号

选用中间继电器时，线圈的额定电压要与电路电压相符合，同时，动合触头和动断触头的数量及容量必须满足电路的要求。

9. 时间继电器

时间继电器在控制线路中用来延迟线路的接通或断开时间。它大体可分为两种：一种是从线圈通电到它的触头闭合(或断开)的延时；另一种是从线圈断电到它的触头闭合(或断开)的延时。在时间继电器中，常有若干对瞬动触头供使用时选用。目前常用的时间继电器有以下几种：

(1) 电动式时间继电器：利用同步电动机原理制成。它的优点是延时的时间较长，可从几秒到几小时，甚至十几小时。缺点是结构复杂，价格昂贵。

(2) 电磁式时间继电器：利用电磁惯性原理制成。它的优点是结构简单、价格便宜、操作频率高。缺点是延时时间短，只有 0.2～0.6 s，而且只适用于直流电路中作断电延时。

(3) 晶体管式时间继电器：利用控制电容器充电和放电时间而制成。它的优点是延时精度高、体积小、耐振动、调节方便等。缺点是承载能力差，易损坏。

(4) 空气阻尼式时间继电器：利用空气通过小孔节流的原理制成。它的优点是结构简单，延时时间可从 0.4～180 s。缺点是准确度较低。

通电延时的空气阻尼式时间继电器的原理图和符号如图 4-8 所示。线圈通电以后，动铁芯被吸下，瞬动触头立即动作，此时，活塞杆与动铁芯之间出现一段空隙，活塞杆在弹簧的作用下，有向下移动的趋势，但是与它连在一起的伞形活塞，因为上面的空气比下面的稀薄，不能立即动作。当空气从进气孔进入后，伞形活塞才能缓慢下移。与此同时，杠杆的位置渐渐变化，经过一段时间延时后，杠杆碰撞微动开关，使动断触头断开，动合触头接通。调节螺钉是用来控制进气孔的大小，调节延时时间长短。线圈断电时，动铁芯在复位弹簧作用下复位，伞形活塞上面的空气通过出气孔排出。

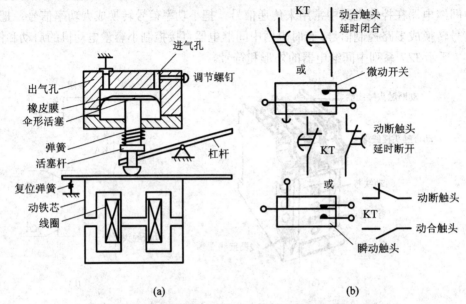

图 4-8   通电延时的空气阻尼式时间继电器的原理图和符号

(a) 原理图；(b) 图形符号和文字符号

如果把铁芯倒装，可以把通电延时改变成断电延时的空气阻尼式时间继电器，如图 4-9 所示。

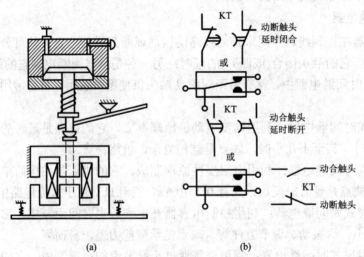

图 4-9   断电延时的空气阻尼式时间继电器的原理图和符号

(a) 原理图；(b) 图形符号和文字符号

断电延时的空气阻尼式时间继电器有两个延时触头：一个是延时闭合的动断触头；另一个是延时断开的动合触头。其工作原理与通电延时继电器相似。

选用时间继电器时，延时方式、延时触头和瞬动触头的数量、延时时间、线圈电压等均应满足电路的要求。

10. 热继电器

电动机长时间过载或过载电流较大时，会使其绕组发热损坏，甚至烧毁，因此通常用热继电器对电动机进行过载保护。常用的热继电器有 JR0 和 JR16 系列。如图 4-10 所示的热继电器的工作原理图和符号。热继电器的发热元件串接在电动机定子绕组的主电路中，当主电路中的电流超过允许值时，热元件发出的热量使双金属片温度升高。由于双金属片由两种不同线膨胀系数的金属片组成，下层的线膨胀比上层大，受热后，双金属片向上弯曲，扣板在弹簧力的作用下绕轴向左转动，使串接在控制电路中的动断触头断开。故障排除后，需按下复位按钮，使热继电器保持原来正常工作状态，准备电动机重新启动。热继电器有两相和三相结构。一般情况可选用两相结构的热继电器，只有在三相负荷不平衡和环境恶劣等情况下，才选用三相结构的热继电器。

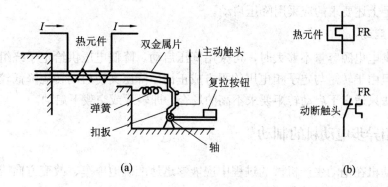

图 4-10　热继电器的工作原理图和符号

(a) 原理图；(b) 图形符号和文字符号

热继电器中热元件的整定电流在数值上和电动机的额定电流应相等。当热元件的电流超过整定电流的 20% 时，热继电器应在 20 分钟内动作，如果热元件的额定电流与需要整定的电流不符时，需进行调节，每个等级的热元件电流都有一定的调节范围。

热元件中的过载电流越大，动作时间越短。当过载电流从整定电流的 1.2 倍变化到 1.5 倍时，动作时间将从小于 20 分钟降低到小于 2 分钟。对于启动时间较长和带有冲击性负载的电动机，如冲床、剪床等机械设备中的电动机，它的热元件整定电流一般为电动机额定电流的 1.11～1.15 倍。

4.2　三相异步电动机的启动与制动

电动机的启动方法取决于供电系统容量、电动机的容量和结构型式、负载情况及启动频繁程度。鼠笼式电动机的启动方法大致可分直接启动与降压启动两种。

4.2.1　笼型电动机的启动

1. 直接启动

直接启动又称全压启动。其方法是通过断路器(或接触器、闸刀开关)将电动机的定子绕组直接连接相应额定电压的电源。

直接启动主要受供电变压器容量的限制。一般来说，异步电动机的容量不应超过电源变压器容量的 30%，频繁启动的电动机容量不应超过变压器容量的 20%，小功率电机($P_N \leqslant 7.5$ kW)启动时，电网电压降不超 10%～15% 的允许直接启动。能满足下式要求的电动机可以直接启动

$$\frac{I_{st}}{I_N} = \frac{1}{4}\left[3 + \frac{\text{电源总容量(kVA)}}{\text{电动机容量(kW)}}\right]$$

不能满足上述要求的应采用降压启动。

2. 降压启动

电动机供电电源容量不够大时，可采用降压启动。降低电压供给定子绕组，可以限制启动电流，但由于转矩与定子相电压的平方成正比，降压又使启动转矩降低较多，所以降压启动的方法只适应于启动转矩要求不高的场合，即轻载或空载下启动。

4.2.2　三相异步电动机的制动

异步电动机在拖动生产机械的过程中应能够迅速准确地停车、改变方向或降低转速，所以需要对电动机实行某种制动。

所谓制动运行是指电动机的电磁转矩 T 作用的方向与转子的转向相反的运行状态。异步电动机的电磁制动状态可分为能耗制动、反接制动和回馈制动(发电状态)。

1. 反接制动

(1) 倒拉反接制动。

异步电动机拖动的起重机下放重物时，需要限制其重物下降时的速度。采用倒拉反接制动则需要在其转子电路中串接较大的电阻值。在接入瞬间由于机械惯性，电机转速来不及变化，但这时转子回路电流及产生的电磁转矩由于串接电阻的影响而减少，因此电磁转矩 T 小于负载转矩 T_L，电动机将会不断地减速。当转速降至零时，若电动机的电磁转矩仍小于负载转矩，则起重装置的位能在负载转矩的作用下，负载重力将拖动电机转动。此时，重物下降，电动机反转，进入倒拉反接制动状态。随着反向转速的增加，电磁转矩等于负载转矩，达到新的平衡，电机以稳定的低速下放重物。

(2) 电源反接制动。

异步电机在电动状态下运行时，若将其定子三相绕组中两相对调接入电源，将改变定子电流的相序，产生反向的旋转磁场。但由于转子有机械惯性还来不及改变转向，故转子与旋转磁场方向相反。此时转子电势 E、转子电流 I 和电磁转矩 T 的方向发生改变，电机进入了反接制动状态。在反向电磁转矩与负载转矩的共同作用下，电动机转速迅速降低，

直至 $n=0$ 时切除电源，使电动机停车，反接制动结束，否则电机将反向启动。

2. 能耗制动

能耗制动的物理过程是将正在运行中的异步电动机的定子绕组从电网断开，然后立即接上直流电源，该直流励磁在气隙中将建立一个恒定磁场，转子由于机械惯性继续按原方向旋转，此时转子导体切割了磁力线，所产生的感应电势和电流方向与电机运行方向相反，电磁转矩反向，引起制动作用，使电动机减速，最后电机转速为零。

4.3　控制电路图的基本知识

由开关电器、继电器和接触器等组成的控制线路称为继电接触式控制电路。在自动控制系统中，利用继电接触控制器对电动机进行控制和保护，仍然是目前生产机械中应用最多、最基本的控制方法。

1. 电气控制电路图的符号

电气控制电路图是反映自动控制系统中各种元器件的连结关系。为了便于安装、调试、使用和维修，必须明确电气控制系统的结构与原理等设计意图。电气控制线路图要有统一的绘图标准，图中的电器元件均采用国家统一标准的图形和文字符号。本书中的电气系统图均采用国家最新标准 GB 4728—84 图形符号及 GB 7159—87 文字符号，详见表 4-1。

电气控制电路可以用电气原理图和安装接线图来表示。

2. 电气原理图

电气原理图是用规定的图形和文字符号来代表各种电器元件，根据控制要求和电器的动作原理，采用电器元件展开的形式进行绘制，将电器元件的不同部分画在不同的位置上，并不是按它实际位置来绘制，这样做是为了便于阅读和分析电气控制电路的工作原理。因此，电气原理图要求结构简单，层次清晰，适于研究、分析电路工作原理及其在实际工作中的应用。

绘制电气原理图的主要原则是：

(1) 同一电器的各部分可依据需要画在不同的线路中，但属于同一电器上的各元件要用同一文字符号和同一数字表示。

(2) 原理图中，所有电器触头均按照线圈没有通电或未受外力作用时的开闭状态绘制。电器开关也应按手柄置零位、生产机械依原始位置绘制。

(3) 原理图中，主电路画在左边，辅助电路画在右边。各电器元件应按照其动作顺序从上到下、从左到右依次排列。

(4) 原理图中，有直接电联系的交叉导线连接点，要用黑圆点"·"表示。

(5) 为方便安装维修，原理图中所有接线端子用数字编号。主电路的接线端子用一个字母下标一位或两位数字来表示，辅助电路的接线端子只用数字编号。电器工程原理图如图 4-11 所示。

表 4-1　电气图常用图形符号和文字符号

编号	名　称	新国标 图形符号 (GB4728-84)	新国标 文字符号 (GB7159-87)	编号	名　称	新国标 图形符号 (GB4728-84)	新国标 文字符号 (GB7159-87)
1	直流	— 或 ＝		10	三相笼型异步电动机		M
	交流	∿			串励直流电动机		MD
	交直流	≂			他励直流电动机		
2	导线的连接	或			并励直流电动机		
	导线的多线连接	或			复励直流电动机		
	导线的不连接	✕		11	单相变压器		T
3	接地一般符号		E		控制电路电源变压器	或	TC
4	电阻的一般符号	优选形　其他形	R		照明变压器		T
5	电容器一般符号	优选形　其他形	C		整流变压器		T
	极性电容器	优选形　其他形			三相自耦变压器		T
6	半导体二极管		V				
7	熔断器		FU				
8	换向绕组	B₁ B₂		12	开　关		
	补偿绕组	C₁ C₂			单极开关	或	Q
	串励绕组	D₁ D₂			三极开关		
	并励或他励绕组	E₁ 并励 E₂ / F₁ 他励 F₂			刀开关		
	电枢绕组				组合开关		
9	发电机	G	G				
	直流发电机	G	GD				
	交流发电机	G	GA				
10	电动机	M	M				
	直流电动机	M	MG				
	交流电动机	M	MA				
	三相笼型异步电动机	M 3∿	M				

编号	名称	新国标 图形符号(GB4728-84)	文字符号(GB7159-87)	编号	名称	新国标 图形符号(GB4728-84)	文字符号(GB7159-87)
12	手动三极开关 一般符号		Q		延时闭合的动合触点		
	三极隔离开关				延时断开的动合触点		
	限位开关				延时闭合的动断触点		KT
13	动合触点		SQ		延时断开的动断触点		
	动断触点				延时闭合和延时断开动合触点		
	双向机械操作				延时闭合和延时断开动断触点		
	按钮开关			16	中间继电器线圈		KT
14	带动合触点的按钮		SB		时间继电器线圈(一般符号)		K
	带动断触点的按钮				欠压继电器线圈		KV
	带动合和动断触点的按钮				过电流继电器的线圈		KI
	接触器			17	热继电器热元件		FR
15	线圈		KM		热继电器的常闭触点		
	动合(常开)触点				电磁铁电磁吸盘		
	动断(常闭)触点			18	接插器件		
	继电器				照明灯信号灯		
16	动合(常开)触点		符号同操作元件		电抗器		
	动断(常闭)触点						

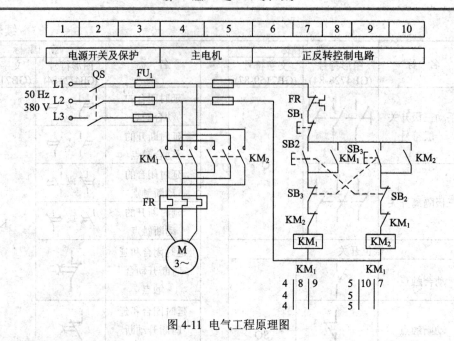

图 4-11　电气工程原理图

3. 安装接线图

电气安装接线图把电机和所有电器元件按照实际分布情况绘制。它表示电气设备的实际安装情况和各电气设备间的实际接线情况，根据原理图配合安装要求绘制，为电器元件的配线、检修和施工提供方便。

4.4　三相异步电动机的基本控制实训

电力拖动系统的任务是对各类电动机和其他执行电器实现各种控制和保护。生产机械的工作性质和加工工艺不同，其控制线路也不同，但无论多复杂的电器控制线路总是由几个最基本的控制环节和保护环节组成。掌握这些基本环节是学习电气控制线路的基础，对分析、设计电气控制线路及判断、处理其运行中的故障有很大帮助。

1. 点动环节

点动：即按下按钮电动机转动，松开按钮电动机停转，用于要求电动机瞬间转动的场合。例如，系统安装后的试车及加工中的调整等。

笼型电动机点动控制线路如图 4-12 所示。它由电源开关 QS、接触器 KM、点动按钮 SB 等器件组成。工作时合上电源开关 QS，为电路通电作好准备，然后按下点动按钮 SB，交流接触器线圈通过电流，线圈产生电磁力将接触器衔铁吸合，固定在衔铁上的三对主触头闭合，电动机通电转动。松开按钮后，点动按钮在弹簧作用下复位断开，交流接触器线圈失

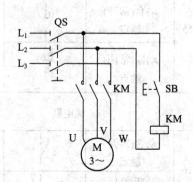

图 4-12　笼型电动机点动控制线路

电，它的三对主触头断开，使电动机停止转动。

2．自锁环节

如果要求电动机能连续运转，必须在点动控制线路的按钮两端并联一对交流接触器的动合辅助触头，使之成为具有自锁环节的控制线路，用于电动机的启动与停车控制，如图4-13所示。

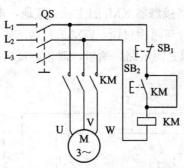

图4-13　具有自锁环节的控制线路

电路工作原理：启动时，先合上电源开关QS，再按下启动按钮SB$_2$交流接触器KM线圈通电，其主触头闭合，电动机接通电源直接启动运转。同时与SB$_2$并联的动合辅助触头KM闭合，当松开SB$_2$后，电流通过接触器辅助触头继续保持接触器线圈通电，使电动机连续运转。这种利用接触器自身的动合辅助触头来保持线圈通电的环节称为自锁环节(简称自锁)，起自锁作用的触头称为自锁触头。当需要电动机停转时，按下串联在控制回路中的停止按钮SB$_1$，使动断触头断开，线圈KM失电，KM常开主触头和自锁触头同时断开，电动机停止运转。

具有保护环节的电动机启动与停止控制线路如图4-14所示。图中熔断器FU$_1$、FU$_2$与热继电器FR对电路进行短路保护和过载保护。

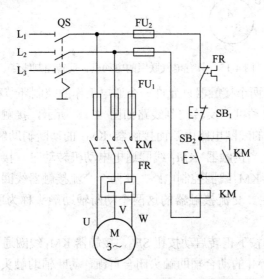

图4-14　具有保护环节的电动机启动与停止控制线路

3. 联锁控制

(1) 电动机正、反转控制。

电动机正、反转的控制应用于生产中很多场合，例如，机床工作台的前进与后退、起重机吊钩的提升与下降、机床主轴正转与反转等。电动机要实现正、反转的运行，只需将电动机的三相电源线中任意两相对调即可。在控制线路中，只要用两个交流接触器就能实现，如图 4-15 主电路所示。当接触器 KM_1 的主触头接通，电动机正转；当接触器 KM_2 的主触头接通时，电动机上的 L_1 与两相对调，电动机反转。如果两个接触器的主触头同时接通，会发生 L_1 与 L_3 两相电源之间短路。所以，对正、反转控制线路最根本的要求是，必须保证两个接触器不能同时工作。

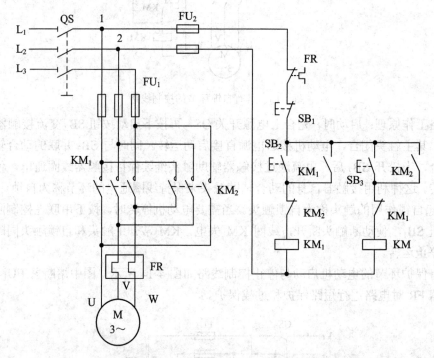

图 4-15　具有电气联锁的电动机正反转控制线路

这种在同一时间内两个接触器只允许一个通电工作的控制环节称为互锁或联锁环节。

具有电气联锁的电动机正反转控制线路如图 4-15 所示，接触器 KM_1 的动断辅助触头串联在接触器 KM_2 的线圈电路中，而接触器 KM_2 的动断辅助触头串联在接触器 KM_1 的线圈电路中，因此，当接触器 KM_1 线圈通电电动机转动时，接触器 KM_1 的动断辅助触头断开，切断接触器 KM_2 线圈控制电路，使两个交流接触器线圈不可能同时通电，避免了上述短路现象的发生。交流接触器的这两个动断辅助触头称为联锁触头，也称为互锁触头。

当线路要接通时，按下正转启动按钮 SB_2，接触器 KM_1 线圈通电，主触头接通，电动机正转，同时接触器 KM_1 的动合辅助触头闭合自锁，动断辅助触头断开，实现联锁。如果需要电动机反转，必须先按下停止按钮 SB_1，使接触器 KM_1 线圈失电，主触头断开，电动机停转，然后再按反转按钮 SB_3。这种操作非常不方便。为了解决这个问题，工业上常采用复合按钮和接触器触头双重联锁的控制线路，其线路图如图 4-16 所示。

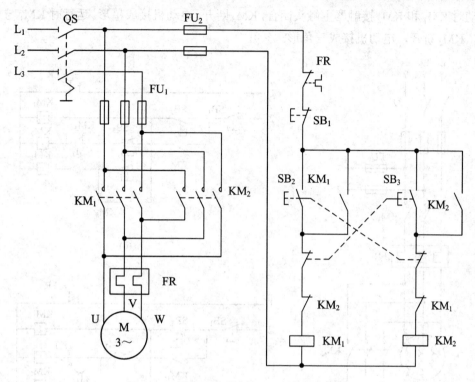

图 4-16　具有双重联锁的正、反转控制线路

(2) 电动机正、反转控制联锁保护。

按下按钮 SB_2 电动机正转，此时按下反转按钮 SB_3，动断触头断开，而使正转接触器线圈 KM_1 失电，主触头 KM_1 断开。与此同时，串接在反转电路中的动合触头 KM_1 恢复闭合，反转接触器 KM_2 的线圈通电，电动机反转。同时串接在反转控制电路中的动断触头 KM_2 断开，实现联锁保护。

4．笼型电动机降压启动控制

为了减小启动电流的影响，对于额定功率超出允许直接启动范围的大容量笼型异步电动机，应采用降压启动，即在启动时，将电源电压适当降低后加在定子绕组上再进行启动，待电动机转速升高到接近额定转数时，再将电压恢复到额定值，转入正常运行。

笼型异步电动机常用的降压启动方法有：在定子电路中串入电阻(或电抗器)、星形-三角形变换及自耦变压器等。

星形-三角形(Y-△)变换降压启动控制线路如图 4-17 所示。Y/△形换接启动的原理是把正常运行时定子绕组三角连接的电动机在启动时接成星形，以减小启动电流，待转速上升到接近额定值时，再将绕组改变成三角形连接，电动机便投入全压正常运行。由于启动时星接电压减至额定电压的 $1/\sqrt{3}$，则星接启动电流仅为角接的 1/3，启动转矩也是角接的 1/3。因此，Y/△启动只适用于空载与轻载下进行。

在图 4-17 中，KM_1 为接通电源接触器，KM_2 为星形连接接触器，KM_3 为三角形连接接触器，KT 为通电延时型继电器。

　　启动时 KM$_1$ 和 KM$_2$ 接触器主触头闭合，KM$_3$ 断开，电动机接成星形。运行时 KM$_1$ 与 KM$_3$
闭合，KM$_2$ 断开，电动机接成三角形。

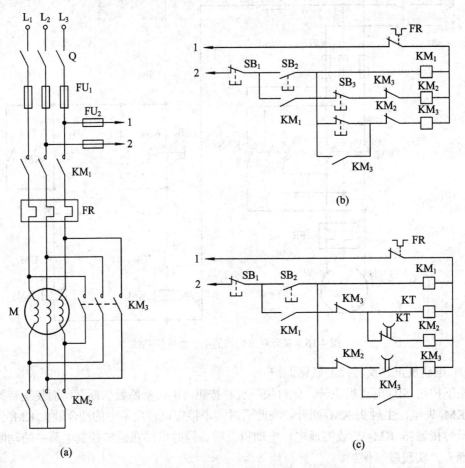

图 4-17　星形-三角形(Y/△)变换降压启动控制线路

(a) 主电路；(b) 用按钮控制电路；(c) 实用型控制电路

5. 能耗制动控制

　　能耗制动控制的方法是在断开三相电源的同时接通直流电源，直流通入定子绕组，便
产生制动转矩。

　　能耗制动控制线路图 4-18 所示。图中 KM$_1$ 为正常运行接触器，KM$_2$ 为能耗制动接触
器，KT 为通电延时型时间继电器，VC 为桥式整流电路，TC 为整流变压器。

　　电路工作原理：按启动按钮 SB$_2$，KM$_1$ 通电并自锁，电动机进入正常运行。能耗制动
时，按下按钮 SB$_1$，电动机由于 KM$_1$ 主触头断开而脱离三相交流电源，同时 KN$_2$、KT 通
电并自锁，电动机二相定子绕组接入直流电源，进入能耗制动状态，电动机转速迅速下降，
当接近于零时，KT 延时断开的动断触头动作，断开 KN$_2$ 线圈电路，KT 也相继断电，能耗
制动结束。

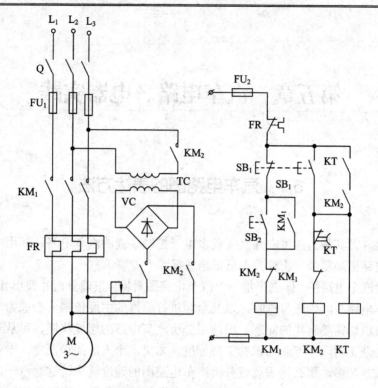

图 4-18　能耗制动控制线路

习　题　四

1. 熔断器在电路中起什么作用？怎样选择熔断器的额定电压和额定电流？熔体的额定电流如何选择？更换熔丝时应注意哪些问题？

2. 交流接触器的主触头和辅助触头通常用于什么电路中？为什么？

3. 继电器在结构和原理上与交流接触器有什么异同点？中间继电器在电路中能起哪些作用？

4. 常用的时间继电器有哪几种？说明空气阻尼式时间继电器延时的工作原理。

5. 热继电器为什么能进行过载保护？怎样估算热元件中的整定电流？

6. 用自动开关控制电动机具有哪些优点？如何估算热脱扣器和电磁脱扣器的整定电流？

7. 说明行程开关的工作原理。

8. 当按下复合按钮时，是先断开动断触头，后接通常开触头，还是先接通动合触头，后断开动断触头？

9. 画简图说明按钮上的绿、红颜色一般表示什么意思？

10. 画出三相鼠笼式异步电动机既能连续工作又能点动工作的继电接触式控制线路。(要求具有短路保护、过载保护和零压保护。)

第五章 汽车电路、电器实践

5.1 汽车电路图的表达方法

汽车电路，尤其是当前生产并装有较多电子控制装置的汽车电路，其用电设备多，技术含量高，线路更加复杂，让有关人员很难掌握。

正确识读汽车电路图，即真正把一个汽车电路图看懂，正确分析并找出其特点和规律，使其成为汽车电路故障诊断与排除，以及全面进行检修的主要依据，已成为广大汽车驾驶员和维修人员迫切需要解决的问题。识读或分析汽车电路的速度快慢，可从一个侧面反映出驾驶员或修理工对汽车专业知识的掌握程度。如果一个人的知识面宽，专业基础好，所掌握的技能或技巧多，那么他识读或分析汽车电路图的速度就快，这对汽车的维修、故障诊断与排除、正确使用汽车，以及延长其使用寿命都具有非常重要的意义。

汽车电路图的表达方法有布线图、原理图和线束图三种。

一般情况下，汽车电路具体采用哪种表达形式，大多从实用出发，也因习惯而异。最先绘制出某种型号汽车电路图的是汽车厂的设计师们，他们除了将各种电器安置在汽车的适当部位，标定它的主要性能参数外，还要设计全车布线及线束总成，选定汽车电线的长度、截面积、颜色和各种插接器，编制汽车电线束的制造工艺流程，因此，最翔实可靠的汽车电路图，常常是以表现电线分布为主的布线图。

5.1.1 布线图

布线图就是汽车电线在车上、线束中的分布图，国产小汽车常见的电器系统布线图如图 5-1 所示。

布线图是按照汽车电器在车身上的大体位置来进行布线的，其特点是：全车的电器(即电器设备)数量明显且准确，电线的走向清楚，有始有终，便于循线跟踪、查找。它按线束编制将电线分配到各条线束中去，与各个插接件的位置严格对号。在各开关附近用表格法表示了开关的接线柱与挡位的控制关系，表示了熔断器与电线的连接关系，表明了电线的颜色与截面积。

布线图的缺点：图上电线纵横交错，印制版面小且不易分辨，版面过大印装受限制；读图、画图费时费力，不易抓住电路重点、难点；不易表达电路内部结构与工作原理。

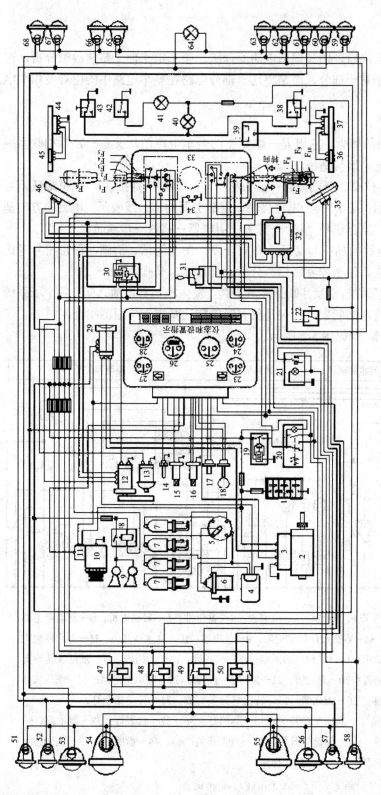

1—蓄电池；2—启动电机；3—启动继电器；4—电子点火电路；5—分电器；6—点火线圈；7—火花塞；8—喇叭继电器；9—电喇叭；10—发电机；11—电压调节器；12—刮水电机；13—洗涤电机；14—水温表传感器；15—转速表传感器；16—车速表传感器；17—油压传感器；18—燃油表传感器；19—转向闪光继电器；20—应急开关；21—雾灯开关；22—制动灯开关；23—电流表；24—水温表；25—车速表；26—车速表；27—机油压力表；28—燃油表；29—点火开关；30—雨刮继电器；31—倒车灯开关；32—组合开关；33—电动后视镜；34—喇叭按钮；35、46—电动后视镜；36、45—门玻璃升降电机；37、44—门玻璃升降开关；38、43—车门控开关；39—左控右开关；40—开门指示灯；41—车内照明灯；42—照明灯开关；47—驻车灯继电器；48—近光继电器；49—近光继电器；50—远光继电器；51、58—前转向灯；52、57—前驻车灯（前照灯）；53、56—前雾灯；54、55—前大灯；59、68—后转向灯；60、67—后驻车灯（后小灯）；61—后雾灯；62、66—制动灯；63、65—倒车灯；64—牌照灯

图5-1　国产小汽车常见的电器系统布线图

5.1.2　原理图

电路原理图分为整车电路原理图和局部电路原理图。整车电路便于整体故障分析，在分析故障原因时，不局限于某一部分，而是将这一部分电路在整车电路中的位置及相关电路的联系都表达出来。

整车电路图的优点如下：

(1) 对全车电路有完整的概念，它既是一幅完整的全车电路图，又是一幅互相联系的局部电路图。重点难点突出、繁简适当。

(2) 在此图上建立起电位高、低的概念：其负极"－"接地(俗称搭铁)，电位最低，可用图中的最下面一条线表示；正极"＋"电位最高，用最上面的那条线表示。电流的方向基本都是由上而下，路径是：电源正极"＋"→开关→用电器→搭铁→电源负极"－"。

(3) 尽最大可能减少电线的曲折与交叉，布局合理，图面简洁、清晰，图形符号考虑到元器件的外形与内部结构，便于读者联想、分析，且易读、易画。

(4) 各局部电路(或称子系统)相互并联且关系清楚，发电机与蓄电池之间、各个子系统之间的连接点尽量保持原位，熔断器、开关及仪表等的接法基本上与原图吻合。

国产汽车电路原理图(整车)如图 5-2 所示。

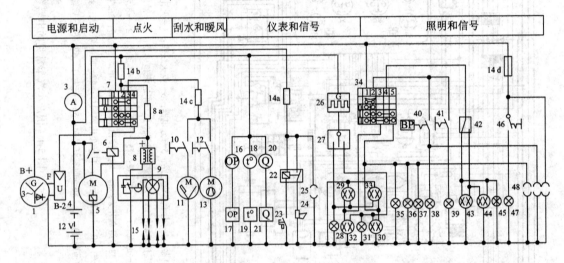

1—交流发电机；B-2—交流发电机调压器；3—电流表；4—蓄电池；5—启动电机；6—启动继电器；7—点火开关；8—点火线圈；8a—点火线圈附加电阻；9—分电器；10—刮水器开关；11—刮水器电机；12—暖风开关；13—暖风电动机；14a～14d—熔断器；15—火花塞；16—油压表；17—油压表传感器；18—水温表；19—水温表传感器；20—燃油表；21—燃油表传感器；22—喇叭继电器；23—喇叭按钮；24—电喇叭；25—工作灯插座；26—闪光器；27—转向灯开关；28、31—转向指示灯；29、32—前小灯；30、33—尾灯；34—车灯开关；35—牌照灯；36、37—仪表灯；38—制动灯；39—阅读灯；40—制动灯开关；41—阅读灯开关；42—变光开关；43、44—前照灯；45—远光指示；46—防空/雾灯开关；47—防空/雾灯；48—挂车插座

图 5-2　国产汽车电路原理图(整车)

为了了解汽车电器的内部结构，以及各个部件之间相互连接的关系，掌握某个局部电路的工作原理，常从整车电路图中抽出某个需要研究的局部电路，参照其他翔实的资料，在必要时根据实地测绘、检查和试验记录，将重点部位进行放大、绘制并加以说明。这种电路图的用电器具少、幅面小，看起来简单明了，易读易绘；其缺点是，只能了解电路的局部。如图5-3所示一个局部的汽车电路原理图。

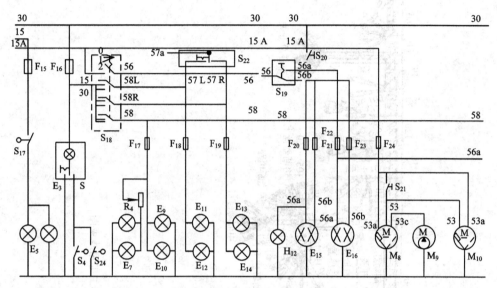

E₃—室内灯(带开关)；E₅—倒车灯(左和右)；E₇—仪表盘灯；E₉、E₁₀—牌照灯；E₁₁—示宽灯(左)；
E₁₂—尾灯(左)；E₁₃—示宽灯(右)；E₁₄—尾灯(右)；F₁₅～F₁₉—熔断器；R4—仪表灯调光电阻；
S₁₇—倒车灯开关；S₁₈—照明灯总开关；S₂₂—停车灯开关；S₄、S₂₄—门控开关；E₁₅—前照灯左(远近光)；
E₁₆—前照灯右(远近光)；F₂₀～F₂₄—熔断器；H₁₂—远光指示灯；M₈—前照灯刮水电动机；
M₉—洗涤电动机；M₁₀—前照灯刮水电动机；S₂₀—超车灯按钮(闪光)；S₂₁—前照灯洗涤按钮；
S₁₉—变光开关

图5-3 汽车前照灯与其他照明灯以及刮水／洗涤电机电路原理图(局部)

5.1.3 线束图

整车电路线束图常用于汽车厂总装线和修理厂的连接、检修与配线。线束图主要表明电线束与各用电器的连接部位、接线柱的标记、线头、插接器(连接器)的形状及位置等，它是人们在汽车上能够实际接触到的汽车电路图。这种图一般不会详细描绘线束内部的电线走向，只将露在线束外面的线头与插接器详细编号或用字母标记。它是一种突出装配记号的电路表现形式，非常便于安装、配线、检测与维修。若再将此图各线端都用序号、颜色准确无误地标注出来，并与电路原理图和布线图结合起来使用，则会起到更大的作用，并且能收到更好的效果。

图5-4、5-5、5-6分别为北京BJ2020轻型越野车主、前、后电路线束图。

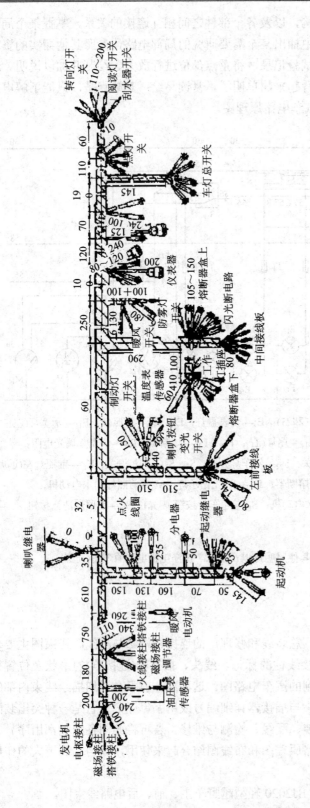

图 5-4　北京 BJ2020 轻型越野车主电路线束图

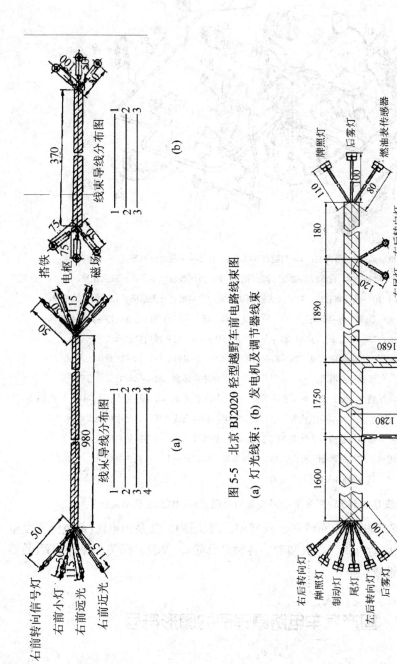

图 5-5 北京 BJ2020 轻型越野车前电路线束图

(a) 灯光线束; (b) 发电机及调节器线束

图 5-6 北京 BJ2020 轻型越野车后电路线束图

解放 CA6440 轻型客车电路线束与用电设备(电器)连接示意图如图 5-7 所示。

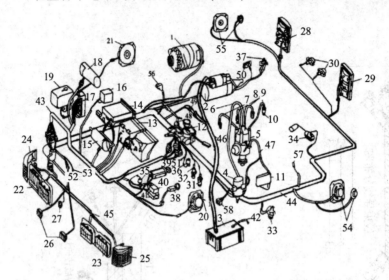

1—发电机总成；2—启动电机总成；3—蓄电池；4—高能点火线圈总成；5—无触点分电器；

6—高压线总成—点火线圈接分电器；7—高压线总成至一缸火花塞；8—高压线总成至二、三缸火花塞；

9—高压线总成至四缸火花塞；10—火花塞总成；11—点火控制器总成；12—组合开关总成；13—仪表板总成；

14—收放机总成；15—暖风电机总成；16—石英钟；17—熔断器总成；18—刮水器电机总成；19—洗涤器总成；

20、21—左、右前扬声器总成；22—右前照灯总成；23—左前照灯总成；24—前右转向灯总成；

25—前左转向灯总成；26—雾灯；27—喇叭总成；28—右组合后灯；29—左组合后灯；30—牌照灯；

31—油压警报开关总成；32—传感器—水温表；33—倒车开关；34—燃油传感器；35—制动灯开关总成；

36—驻车制动开关；37—室内灯侧门连锁开关；38—雾灯开关；39—点烟器总成；40—喇叭继电器；41—闪光器；

42—搭铁线总成；43—车身线束总成；44—底盘线束；45—前灯线束；46—电线总成接启动电机至蓄电池；

47—无触点点火线束总成；48—易熔线总成—连接发电机总成；49—易熔线总成—接熔断器总成；

50—踏步灯总成；51—接压缩机；52—接高低压开关；53—接冷凝器；54、55—左、右扬声器总成；

56—接化油器；57—接后暖风；58—接后暖风开关及空调

图 5-7　解放 CA6440 轻型客车电路线束与用电设备(电器)连接示意图

　　总之，无论哪一种整车电路图(布线图、原理图、线束图)，都是由电源(蓄电池和发电机及调压器)、用电设备(启动电机、点火装置、各种灯具等)、仪表、开关、保险装置(易熔线、熔断器等)以及电线组成。

5.2　国产汽车电路原理图的图形符号

　　随着汽车工业的迅速发展，汽车的性能逐渐提高，汽车电器日益增多，汽车电路也日趋复杂。与此相适应的汽车电路图的表达方法也在发生变革。汽车电路图简单化、规范化已是当今世界各国汽车电路图表达方法的总趋势。国产汽车电路原理图符号的规范画法见表 5-1。

表5-1　国产汽车电路原理图符号的规范画法

序号	名　称	图形符号	序号	名　称	图形符号
1. 限定符号			22	接通的连接片	
1	直流	—	23	断开的连接片	
2	交流	∽	24	边界线	
3	交直流	≃	25	屏蔽(护罩) (可画成任何方便的形状)	
4	正极	＋	26	屏蔽导线	
5	负极		3、触点与开关		
6	中性点	N	27	动合(常开)触点	
7	磁场	F			
8	搭铁(接地)	⊥	28	动断(常闭)触点	
9	交流发电机输出接线柱	B			
10	磁场二极管输出端	D+	29	先断后合触点	
2. 导线、端子和导线的连接					
11	接点	●	30	中间断开的双向触点	或
12	端子	○			
13	可拆卸的端子	∅	31	双动合触点	
14	导线的连接	—○—○—			
15	导线的分支连接	⊤	32	双动断触点	
16	导线的交叉连接				
17	导线的跨越	＋	33	单动断双动合触点	
18	插座的一个极				
19	插头的一个极		34	双动断单动合触点	
20	插头和插座				
21	多极插头和插座 (示出为三极)		35	一般情况下手动控制	

续表(一)

序号	名　称	图形符号	序号	名　称	图形符号
36	拉拔操作		54	液位控制开关	
37	旋转操作		55	机油滤清器警报开关	
38	推动操作		56	热敏开关动合触点	
39	一般机械操作		57	热敏开关动断点	
40	钥匙操作		58	热敏自动开关动断触点	
41	热执行器操作		59	热敏继电器触点	
42	温度控制		60	旋转多挡开关位置	
43	压力控制		61	推拉多挡开关位置	
44	制动压力控制		62	钥匙开关(全部位置)	
45	液位控制		63	多挡开关、点火、启动开关，瞬时位置为2，能自动返回到1(即2挡不能定位)	
46	凸轮控制		64	节流阀开关	
47	联动开关		65	电阻器	
48	手动开关一般符号		66	可变电阻器	
49	定位开关(非自动复位)		67	压敏电阻器	
50	按钮开关		68	热敏电阻器	
51	能定位的按钮开关		69	滑线式变阻器	
52	拉拔开关		70	分路器(带分流或分压接头的电阻器)	
53	旋转、旋钮开关		71	滑动触点电位器	

续表(二)

序号	名　称	图形符号	序号	名　称	图形符号
72	仪表照明调光电阻		91	易焊线	
73	光敏电阻		92	电路断电器	
74	加热元件、电热塞		93	永久磁铁	
75	电容器		94	操作器件一般符号	
76	可变电容器		95	一个绕组电磁铁	
77	极性电容器				
78	穿心电容器		96	二个绕组电磁铁	
79	半导体二极管一般符号				
80	单向击穿二极管、电压调整二极管		97	不同方向绕组电磁铁	
81	发光二极管				
82	双向二极管(变阻二极管)		98	触点常开的继电器	
83	三极晶体闸流管		99	触点常闭的继电器	
84	光电二极管		5. 仪表		
85	PNP 型三极管		100	指示仪表(星号按规定字母或符号代入)	
86	集电极接管壳三极管(NPN 型)		101	电压表	
87	压电晶体		102	电流表	
88	电感器、线圈、绕组、扼流圈		103	电压电流表	
89	带磁芯的电感器		104	欧姆表	
90	熔断器		105	瓦特表	

序号	名　称	图形符号	序号	名　称	图形符号
106	油压表	OP	124	速度传感器	V
107	转速表	n′	125	空气压力传感器	AP
108	温度表	t°	126	制动压力传感器	BP
109	燃油表	Q	**7. 电气设备**		
110	车速里程表	V	127	照明灯、信号灯、仪表灯、指示灯	⊗
111	电钟		128	双丝灯	
112	数字式电钟		129	荧光灯	
6. 传感器			130	组合灯	
113	传感器一般符号				
114	温度表传感器	t°	131	预热指示灯	
115	空气温度传感器	t°	132	电喇叭	
116	水温传感器	t°	133	扬声器	
117	燃油表传感器	Q	134	蜂鸣器	
118	油压表传感器	OP	135	报警器、电警笛	
119	空气质量传感器	m	136	元件、装置、功能元件(填上适当符号或代号表示、装置或功能)	
120	空气流量传感器	AF			
121	氧传感器	λ			
122	爆燃传感器	K	137	信号发生器	G
123	转速传感器	n	138	脉冲发生器	G

序号	名　称	图形符号	序号	名　称	图形符号
139	闪光灯		157	点烟器	
140	霍尔信号发生器		158	热继电器	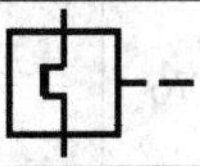
141	磁感应信号发生器		159	间歇刮水继电器	
142	温度补偿器		160	防盗警报系统	
143	电磁阀一般符号	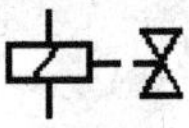	161	天线一般符号	
144	常开电磁阀	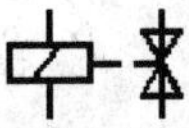	162	发射机	
145	常闭电磁阀	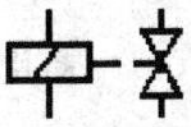	163	收音机	
146	空调压缩机的电磁离合器	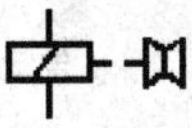	164	内部通讯联络及音响系统	
147	用电动机操纵的怠速调整装置		165	收放机	
148	过电压保护装置		166	无线电话	
149	过电流保护装置		167	传声器一般符号	
150	加热器(除霜器)		168	点火线圈	
151	振荡器		169	分电器(图示为4缸)	
152	变换器、转换器		170	火花塞	
153	光电发生器	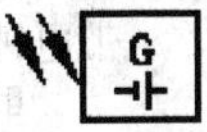	171	电压调节器	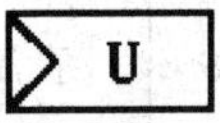
154	空气调节器	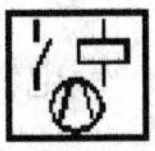	172	转速调节器	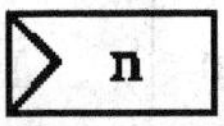
155	滤波器		173	温度调节器	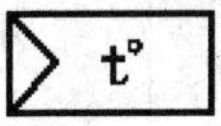
156	汽车仪表稳压器		174	串激绕组	

序号	名　称	图形符号	序号	名　称	图形符号
175	并激或他激绕组		193	定子绕组为星形连接的交流发电机	
176	集成环或换向器上的电刷		194	定子绕组为三角形连接的交流发电机	
177	直流电动机		195	外接电压调节器与交流发电机	
178	串激直流电动机		196	整体式交流发电机	
179	并激直流电动机		197	蓄电池	
180	永磁直流电动机		198	蓄电池组	
181	启动机(带电磁开关)		199	蓄电池传感器	
182	燃油泵电动机、洗涤电动机		200	制动灯传感器	
183	晶体管电动燃油泵		201	尾灯传感器	
184	加热定时器		202	制动器磨擦片传感器	
185	点火电子组件		203	燃油滤清器积水传感器	
186	空调鼓风电机(室内用、可调风量)		204	三丝灯泡	
187	刮水电动机		205	汽车底盘与吊机间电路滑环与电刷	
188	天线电动机		206	自动车速里程表	
189	直流伺服电动机		207	带电钟自记车速里程表	
190	直流发电机		208	带电钟车速里程表	
191	星形连接的三相绕组		209	门窗电动机(垂直驱动)	
192	三角形连接的三相绕组		210	座椅安全带装置	

序号	名　称	图形符号	序号	名　称	图形符号
211	电子锁 (中央集控门锁)		224	超速报警继电器	
212	真空度开关		225	功率放大器	
213	缓冲传感器		226	空调控制器	
214	洗涤液位传感器		227	防抱死制动计算机	
215	点火正时传感器		228	燃油喷射控制 计算机(汽油)	
216	喷油器		229	燃油喷射控制 计算机(柴油)	
217	压力调节器		230	排气控制计算机	
218	安全带开关 定时器		231	水平驱动电动机	
219	加热定时器 (非电子)		232	水平偏转驱动 电动机	
220	自动阻风门		233	垂直偏转驱动 电动机	
221	灯泡自动检测器		234	车门锁电动机	
222	遥控继电器		235	空调系统空气流向控制 电动机(伺服)	
223	车速指示继电器		236	空气冷凝器与散热器电 风扇(车前方用)	

5.3 汽车电路图中的开关/保险及显示装置

5.3.1 开关装置

开关是控制电路通断的关键。主要开关往往汇集许多导线，分析汽车电路时应注意以下几个问题：

(1) 蓄电池(或发电机)的电流是通过什么路径到达这个开关的？中间是否经过别的开关和熔断器？这个开关是手动还是电控的？

(2) 这个开关控制哪些用电器？每个被控电器的作用是什么？

(3) 开关的许多接线柱中，哪些是直通电源的？哪些是接用电器的？接线柱旁是否有接线符号？这些符号是否常见？

(4) 开关共有几个挡位？在每一挡中，哪些接线柱有电？哪些无电？

(5) 在被控的用电器中，哪些电器应经常接通？哪些应短暂接通？哪些应先接通？哪些应后接通？哪些应当单独工作？哪些应当同时工作？哪些电器不允许同时接通？

1. 点火开关

点火开关的结构及表示方法如图 5-8 所示。

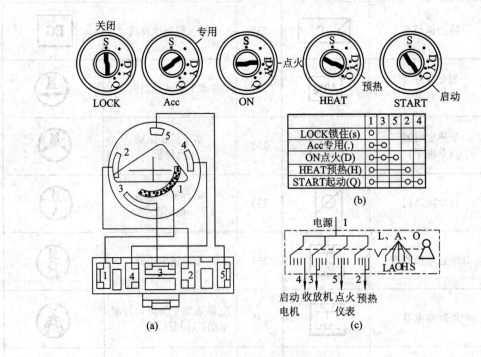

图 5-8 点火(电源)开关的结构及表示方法

(a) 结构示意图；(b) 表格表示法；(c) 图形符号表示法

点火开火是汽车电路中最重要的开关，也是各条电路分支的控制枢纽。是多挡多接线柱开关。它的主要功能是：锁住转向盘转轴(Lock)，接通点火仪表指示灯(ON 或 IG)、启动(ST 或 START)挡、附件挡(Acc 主要是收放机专用)，如果用于柴油车则增加预热(HEAT)挡。其中启动、预热挡因为消耗电流很大，开关不宜接通过久，所以这两挡在操作时必须手动克服弹簧力，扳住钥匙，一松手就弹回点火挡，不能自行定位；其他挡点火(ON)、附件(Acc)、锁定(LOCK)均可自行定位。

点火开关各国及各厂家不完全一样，其接线柱与挡位的对应关系见表5-2。

表 5-2　点火(电源)开关的挡位与接线柱关系

					接线柱标志					
					电源	附件	点火仪表指示灯	启动	预热	停车灯	厂家或车型
					1	3	2	4			解放
					1	3	5	4	2		跃进
档位符号					30	15 A	15	50	17 19	P	依维柯
解放CA1092	跃进	富康	依维柯	日产和丰田	B / B1 B2 B3 / AM1 AM2	A / A / Acc	1G / I1 I3 / 1G	ST / C / ST1 ST2	H / R1 R2		日本 / 日产 / 丰田
锁定	0	S	0	STOP	LOCK	●————————————————————————————————●				●	
断开	0	S	0	STOP	OFF	●					
附件(专用)	3		A		Acc	●————————●					
点火(工作)	1	D	M	MAR	ON/1G	●————————●————————●					
启动	2	Q	D	AVV	START	●————————●————————●————————●					
预热	4	H			HEAT	●——●					

2. 多功能组合开关

五十铃多功能组合开关的结构图如图 5-9 和图 5-10 所示。

多功能组合开关的多功能包括对照明(前照灯)、信号(转向、危险警告、超车)、刮水器/洗涤器等电路的控制。

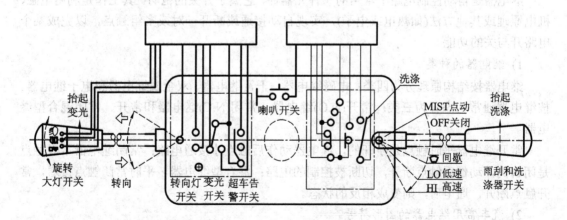

图 5-9　多功能组合开关

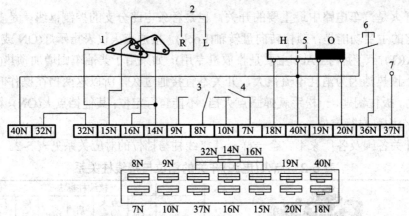

1—危险警告灯开关；2—转向灯开关；3—变光开关；4—超车灯开关；
5—刮水电动机开关；6—洗涤器开关；7—喇叭按钮触头

触点代号			14N	15N	16N	32N	8N	9N	10N	7N	40N	19N	18N	20N	36N	37N
挡位	转向信号灯	左	o		o											
		断	o													
		右	o	o												
	危险警告灯	断														
		通	o	o	o											
	前照灯变灯	近					o	o								
		通						o	o							
	超车信号灯	断								o						
		通							o	o						
	风窗刮水器	低									o	o				
		高									o		o			
		回位										o		o		
	风窗洗涤器	断									o					
		通									o				o	
	喇叭触头														o	

图 5-10　五十铃多功能开关内部接线、连接器及挡位

3. 继电器

继电器是自动控制电路中常用的一种元器件，它属于开关的范畴。其工作是利用电磁、机电原理或其他方法(如热电或电子)，实现自动接通或断开一对或多组触点，以完成某个电路开与关的功能。

1) 继电器的种类

继电器按结构原理分为四类：电磁继电器、干簧继电器、双金属继电器和电子继电器。按继电器通常状态分为三类：常开(N.O)继电器，常闭(N.C)继电器和常开、常闭混合型继电器。

常开继电器平时触点是断开的，继电器动作后触点才接通电路；常闭继电器平时触点是闭合的，动作后触点断开，切断被控制的电路；混合型继电器，平时常闭触点接通，常开触点断开，通电后，则变成相反的状态。

2) 汽车常用继电器的图形符号

汽车常用继电器图形符号如图 5-11 所示。汽车用继电器的接线柱标记见表 5-3。

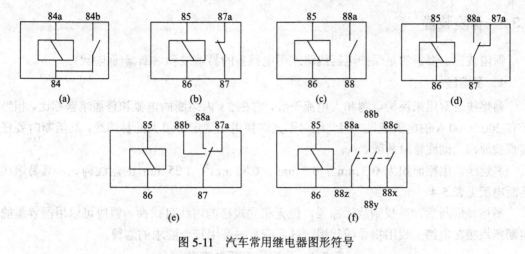

图 5-11　汽车常用继电器图形符号
(a) 线组与触点共用一个输入端；(b) 一个常闭触；(c) 一个常开触点；
(d) 一组转换触点；(e) 二组转换触点；(f) 三组常开触点

表 5-3　汽车用继电器的接线柱标记

电器	接线柱标记		接线柱标记的含义
	基本标记	下标	
继电器(专用继电器除外)	84	84a	继电器上，绕组始端和触点共同输入接线柱
			继电器上，绕组末端输出接线柱
		84b	继电器上，触点输出接线柱
	85		继电器上，绕组末端输出接线柱
	86		继电器上，绕组始端输入接线柱
	87		继电器上，常闭触点和转换触点的输入接线柱
		87a	继电器上，常闭触点的第一个输出接线柱(转换触点在常闭触点一侧)
		87b	继电器上，常闭触点的第二个输出接线柱(转换触点在常闭触点一侧)
		87c	继电器上，常闭触点的第三个输出接线柱(转换触点在常闭触点一侧)
		87z	继电器上，常闭触点和转换触点的第一个输入接线柱(单独电流回路时)
		87y	继电器上，常闭触点和转换触点的第二个输入接线柱(单独电流回路时)
		87x	继电器上，常闭触点和转换触点的第三个输入接线柱(单独电流回路时)
	88	88a	继电器上，常开触点的输入接线柱
		88b	继电器上，常开触点的第一个输出接线柱
		88c	继电器上，常开触点的第二个输出接线柱
		88z	继电器上，常开触点的第三个输出接线柱
		88y	继电器上，常开触点的第一个输入接线柱(单独电流回路时)
		88x	继电器上，常开触点的第二个输入接线柱(单独电流回路时)
			继电器上，常开触点的第三个输入接线柱(单独电流回路时)

5.3.2　保险装置

保险装置主要指的是保护电器线路或用电设备的易熔线和熔断器(保险丝)。

1. 易熔线

易熔线通常用来保护电源和大电流干线,它在 5 s 内熔断的电流和普通熔丝相比,相当于有 200~300 A 的电流通过,因此绝对不允许换用比规定容量大的易熔线。其熔断时要仔细查找原因,彻底排除故障。

易熔线常用截面积为 0.3 mm²、0.5 mm²、0.85 mm²、1.25 mm² 的熔线构成,其易熔线熔断电流见表 5-4。

易熔线熔断后,虽找到故障原因,但无相同规格的熔线可代换,暂时可以用同容量的熔断器串接在电路上或用粗导线代用,过后应及时换用符合要求的熔线。

表 5-4　易熔线熔断电流表

色别	尺寸 /mm²	构　成	1 米时的电阻值 /Ω	连续通电电流 /A	5 s 以内熔断时的电流 /A
茶	0.3	Φ0.32 × 5 股	0.0475	13	约 150
绿	0.5	Φ0.32 × 7 股	0.0325	20	约 200
红	0.85	Φ0.32 × 11 股	9.9205	25	约 250
黑	1.25	Φ0.5 × 7 股	0.0141	33	约 300

2. 熔断器(保险丝)

熔断器盒一般安装在仪表盘附近或发动机罩下面,常与继电器组装在一起,构成全车电路的中央接线盒。由于全车电路被点火开关和其他开关(如灯光开关)分成火线(30 号线)、点火仪表指示灯线(15 号线)和附件专用线(Ac 线或 15 A 线),还可以再由继电器灯光开关分成小灯、尾灯线(58 号线),前照灯线(56a 线 < 56b 线),所以相应的熔断器也会分成几类。可以用试灯或电流表将熔断器分类:

所有开关都断开时还有电的熔丝为 30 号线所接;点火开关在 ON 位时有电的熔丝为 15 号线所接;在附件专用挡有电的熔丝为 Ac 线所接。

普通熔断器通过电流为 110%额定值时不熔断;通过的电流为 135%额定值时,在 60 s 以内熔断;流过的电流为 150%额定值时,20 A 以内的熔断器应在 15 s 以内熔断;30 A 熔断器应在 30 s 以内熔断。

1) 熔断器的检查

熔断器熔断一般通过观察便可发现,对于较隐蔽的故障,需要进行详细检查。方法是用万用表测量熔断器是否熔断,也可用试灯方法检查。检查熔断器的要求如下:

(1) 熔断器熔断后,必须真正找到故障原因,彻底排除故障。

(2) 更换熔断器时,一定要与原规格相同,特别要注意,不能使用比规定容量大的熔断器。在汽车上增加用电设备时,不能随意改用容量大的熔断器。对于这类情况,最好另外再安装熔断器。

(3) 熔断器支架与熔断器接触不良会产生电压降和发热现象。因此,特别要注意检查有无氧化现象和脏污。若有脏污和氧化物，必须用细砂纸打磨光，使其接触良好。

2) 熔丝熔断后的应急处理方法

(1) 熔断器熔断后，在没有备用熔断器的情况下，也绝对不能使用香烟盒上的锡箔纸代替熔断器，如果装上锡箔纸，即使流过锡箔纸 50 A 以上的电流，锡箔纸除了会发热变红之外也不会熔断，这将会引起火灾，是十分危险的。

(2) 在应急时可用细导线代替熔断器，把汽车上使用的 0.5 mm² 乙烯树脂多股绞合线拆开，使用其中的一股。这种细导线一般相当于大约 15 A 的熔断器。

(3) 进行应急处理后，代用的熔丝或细导线，必须及时换用符合规定的熔断器。

5.3.3 显示装置

显示装置通常是指安装在汽车仪表板上的各种仪表、图形符号和报警装置。它们可以对汽车的工作状况进行检测，最多能同时检测几十个参数，并经计算机(CPU)计算、处理成易于理解的智能化显示。其显示的信息，除水温、油压、车速、发动机转速等常见的内容外，还包括如瞬时耗、油量、平均车速、续驶里程、车外温度等，驾驶员可根据实际需要，随时调出某一内容显示观察。

监视和报警的信息主要有：燃油温度、冷却水温、润滑油压、充电状况、前照灯、尾灯、排气、温度、制动液量、驻车(手)制动、车门未关等，当出现不正常现象或通过自诊断系统测出有故障时，该系统会立即进行声/光(并用)报警。

1. 数字/模拟式组合仪表

几乎所有的国产汽车都装有模拟分立式组合仪表，而进口汽车时常见到数字式组合仪表，如图 5-12 所示常用模拟分立式组合仪表。其监视与警告信号有：蓄电池充电指示、雾灯指示(在状态指示栏中)、前照灯(大灯)远光指示、转向/危险报警指示等。

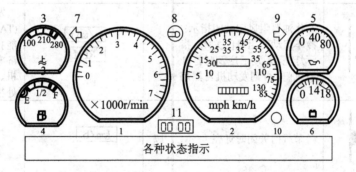

1—发动机转速表；2—车速里程表；3—水温表；4—燃油表；5—机油压力表；6—直流电压表；

7—左转向指示；8—远光指示；9—右转向指示；10—单程清 0 按钮；11—数字时钟

图 5-12 常用模拟分立式组合仪表

2. 仪表盘和转向柱上的警示灯及开关标志

汽车仪表盘和转向柱上通常装有许多开关、警报灯和指示灯(通常称为"警示灯")，见表 5-5。为了区分它们的功能，通常用各种各样的图形标志刻印在其表面，有些进口车还用英文字母表示。这些图形标志国际通用，大都形象、简明，一看便知它们的功用。

表 5-5　部分开关和警示灯的标志

	图形或文字符号	说　明		图形或文字符号	说　明
1		点火开关(4 挡) 锁止 0—OFF 或(S) 附件 1—ACC 或(A) 点火、仪表 2-IGN 或(M) 启动 3—START 或(D)	10		蓄电池充电指示灯：发电机不充电时灯亮，正常充电时灯灭
2		点火开关(3 挡) 锁止 0—OFF 或 STOP 工作 1—ON 或 MAR 启动 2—ST 或 AVV	11	OIL-P	机油压力报警灯、机油压力表：当机油压力过低时，灯亮
3		柴油车电源开关 0— OFF 断开 1— ON 接通 2— START 启动 3— ACC 附件 4— PREHEAT 预热	12	FUEL	燃油表：燃油不足警报灯亮
4		点火开关(5 挡) 0—LOCK 锁定转向盘 1—OFF 断开 2—ACC 附件 3—ON 通 4—START 启动	13	(P) PKB	驻车制动起作用时灯亮
5	CHECK	发动机故障代码显示灯(自诊断)，电控发动机喷油与点火的传感器与 ECU 出故障时灯亮，通过人工或仪器可将故障代码调出，迅速查明故障	14	(!) BRAKE AIR	制动气压低警报，制动液面低，制动系统故障警报灯亮
6		化油器阻风门关闭指示：冷车启动时阻风门关闭，指示灯亮，启动后应及时打开阻风门，否则发动机冒黑烟	15	r/min RPM	发动机转速表(TACHOMETER)，能指示快怠速、经济转速与换挡时机、额外转速，用处很多
7		节气门关闭时灯亮	17	km/h	车速表(SPEED)
8		柴油机停止供油(熄灭)拉杆(钮)标志	17	20:08	数字显示时间
9	WATER OVER HEAT	水温表：冷却液温度过高时警报灯亮	18	COOLANT LEVEL WATER LEVEL	冷却水位指示灯：当冷却系水位低于规定值时，警报灯亮

续表(一)

序号	图形或文字符号	说　明	序号	图形或文字符号	说　明
19		机油油面指示:当发动机机油量少于规定值时,警报灯亮	29	⇐ ⇒	转向信号灯 L—左转向,R—右转向
20		机油温度过高警报灯:机油温度超过规定值时,警报灯亮	30	BEAM	前照灯远光:高光束(HIGH BEAM)
21	kPa	真空度指示灯	31		前照灯近光:夜间会车时使用,防止眩目
22	SRS	安全气囊指示灯:安全气囊装在转向盘毂内和仪表盘内,当汽车受到碰撞时气囊引爆,膨胀将乘员挤靠到座椅靠背上,减轻伤害	32	△	危险警告指示灯:当汽车遇到交通事故要呼救或需要别车回避时,左、右转向灯全闪,正常行驶时不用
23	TRAC	驱动力控制指示	33		汽车显宽灯开关指示
24	CRUISE	巡航(恒速行驶)指示灯:设定某一车速以后,ECU根据车速变化自动控制节气门开度使车速在设定范围内,装置起作用时灯亮,有故障时显示故障码	34		灯光开关指示:可接通示宽灯、尾灯、仪表灯(亮度旋钮)、牌照灯等,前照灯接通常在此开关的第Ⅱ挡
25	AIR SUSP	电子调整空气架指示灯:根据驾驶条件自动控制气架中起弹簧作用的空气,改变弹簧刚度与减振力,以抑制车辆侧倾、制动时的前部裁头、高速时后身下坐,保持乘坐全舒适性和操纵性,指示灯显示车身高度变化。HIGH—高度调整;NORM—正常	35		驻车制动灯开关指示:驻车制动起作用时,该指示灯亮
			36		后雾灯开关指示:必须在前雾灯已亮的前提下使用,正常行驶时应关闭此雾灯
			37		前雾灯开关指示
26	O/D OFF	OVER—DRIVE,超高速开关,装在换挡手柄上,按下此开关,变速器换入超速挡;再按一下此开关,退出超速挡,同时 O/D OFF 灯亮	38	TEST	指示灯警报灯灯泡好坏的检查开关
27	VOLT	电压表(伏特计):12 V电系量程为 10~16 V;24 V电系量程为 20~32 V	39	R	倒车灯(后灯)开关
28	EXP TEMP	排气温度过高警报(大于750℃)	40		室内灯(顶灯)开关指示

续表(二)

图形或文字符号	说 明	图形或文字符号	说 明
41	转向灯开关与超车灯开关： L—左转向； R—右转向； PASS—瞬间远光 　　　（超车信号） HI—常用远光； LO—定位中间挡	52	防抱制动指示灯： 钥匙在启动挡或车速在5～10 km/h 以下应亮。ABS 系统能紧急制动和滑溜路面制动时控制4个车轮油缸的油压，防止车轮抱死。ABS 出现故障时警报灯亮，并可显示故障代码(用工具)
42	转向灯标志，警车、急救护车、消防车的车顶旋转警灯开关标志	53	电磁减速装置，(TELMA)电力制动器
43	安全带指示灯：当点火开关接通，安全带未系时灯亮或伴有蜂鸣器声音	54	空气滤清器堵塞指示灯
44	电热预温塞指示灯：常温下启动亮 0.3 s，可直接启动，低温启动前亮 3.5 s，表示"等待预热"灯灭可启动	55	空气压力指示灯
45	预热塞(电热或火焰预热塞)指示灯常温下启动亮 0.3 s，可直接启动，低温启动前亮 3.5 s，表示"等待预热"灯灭可启动	56	柴油粗滤器中积水超限警报灯
		57	喇叭按钮标志
46	白烟消除指示灯：(白烟限制器)柴油重型车暖机时使用	58	点烟器标志：按下点烟器手柄即接通电路，发热体烧红后(约几秒钟)自动弹出，可供点烟用
47	排气制动指示灯：下长坡时，堵住排气管，利用发动机阻力使汽车减速、踩离合器、加油时自动解除	59	发动机舱盖开启拉手指示
		60	行李舱盖开启拉手或电动按钮指示
48	排气制动指示：排气管堵住起制动作用时灯亮(与 47 项相同)	61	门未关警报灯，在仪表盘上设此灯
49	蓄电池液面指示灯：当液面低于规定值时灯亮	62	加热指示
50	拖车制动指示灯	63	室内灯门控挡，当门关严后室内灯灭，此外还有手控长明挡(ON)及断开挡(OFF)
51	制动蹄片磨损超限警报灯		

图形或文字符号	说　明		图形或文字符号	说　明
64	自动变速器挡位指示灯：P—停止制动；R—倒挡；N—空挡；D—前进挡，1↔2↔3↔4 挡间变速；2—锁定挡，自动在 1↔2 挡间变速，上下陡坡用；L—低挡，只允许 1 挡行驶，上下陡坡用	76	VENT	空调系统通风挡吹面(FACE)
65	ECTPWR	电控自动变速器有两种已编程好的挡位方式：即正常模式(Normal)和动力模式(Power)，用开关选择动力模式时，指示灯亮	77	HEAT	空调系统加热(吹脚)挡
			78	BI-LEVEL	空调系统双层(上冷下热)挡
66		增热器开关、除霜线指示灯和开关指示：常为后窗碳粉加热	79	DEF-HEAT	空调系统除霜与吹脚(加热)挡
67		挡风玻璃刮水开关指示	80	DEF	挡风玻璃除霜除雾指示
68	WASHER	挡风玻璃洗涤开关指示	81	outside	车外新鲜空气循环风道开启指示(FRESH)
69		挡风玻璃刮水开关指示：OFF—断开；INT—间歇；LO—低速；HI—高速	82	inside	车内空气循环风道开启指示(FRESH)
70		后窗玻璃刮水指示灯和开关标志	83	FUEL	燃油粗过滤器水位超过规定警报
71		后窗玻璃洗涤开关指示	84	EXH TEMP	排气温度超过一定限度时此灯亮
72		前照灯刮水洗涤开关指示	85		后视镜加热指示
73	STOP TAIL LIGHT	制动和尾灯灯泡烧坏警报灯亮(常有专用传感器)	86		后视镜镜面上下调节与左右调节开关标志
74	A/C	空调系统制冷压缩机开启指示	87	AIR MPa	空气压力表：常用于气压制动系统中双管路气压指示
75	FAN	空调系统鼓风机指示	88		空气滤清器堵塞信号警报灯
			89		驾驶室锁止：可倾翻的驾驶室回位时没有到达规定锁止状态，警报灯亮

图形或文字符号		说　明	图形或文字符号	说　明
90	H	分动器前桥接入指示灯：用于越野车全驱动时，灯亮	BALANCE	收放机左右声道平衡控制旋钮
91	AIR CLEANER	空气滤清器堵塞时，警报灯亮	TONE	收放机音量控制：BASS—低音；TREB—高音
92	ENGINE O/RUN	发动机转速超过最高容许值时警报灯亮	PANEL LIGHTS	仪表盘照明灯开关指示
93	LOW HIGH	双级减速驱动桥：LOW—低速指示灯；HIGH—高速指示灯	APS·AST	收放机节目自动搜索系统
94	PTO	动力输出指示灯：在专用汽车上有其他机械，如起重、绞盘机需挂入时	PROG	收放机录音带节目选择(快速倒带)
95	UP DOWN	车门玻璃升降开关：UP—升起；DOWN—降下	SCAN	收放机校验装置按键
96		液力变矩器开关指示	FUNCTION	收放机功能选择键：RADIO—收音机；TAPE—磁带
97		翻斗汽车举升倾卸装置开关或指示灯标志	auto-ANTENNA	收放机自动升降天线
98	DIFF LOCK	差速锁连锁指示灯：车辆转弯时必须脱开	FAD	收放机混音调节旋钮
99	BAND	收放机波段选择：MW—中波；SW—短波；FM—调频波(立体声)	SEARCH	收放机搜索(检查)键
100	TUNING TUNE	收放机调谐(选台)	⬆	手动变速器升挡提示灯：当节气门开度较大而车速仍低时，此灯亮。提醒驾驶员挂入下一个高速挡
101	VOLUME	收放机音量控制(或VOL)：MIN—最小；MAX—最大		

为了减少分散驾驶员注视道路交通状况的注意力，指示灯、警报灯在其所指示部位工作正常时是不亮的。仪表盘上没有刺目的光亮，一旦某个部位不正常，代表其工作状况的指示灯、警报灯才亮。警报灯多用红色，以示情况紧急，需要及时检修。比如，制动气压过低警报、充电系统不充电警报、发动机过热警报、机油压力过低警报等等。有些工作状况指示灯采用橘黄色，如阻风门关闭、空气滤清器堵塞、驻车制动(手制动)拉紧。还有一些属于正常工作状态的指示灯，如转向指示灯采用绿色，前照灯远光指示采用蓝色。

指示灯与警报灯多采用小功率灯泡(1～3.5 W)，也有采用发光二极管的(需要加适当降压电阻)。指示灯、警报灯在正常状态下不点亮，如果灯泡损坏了也会造成错觉，为此在点火开关接通而不启动发动机的状态下，可以检验大多数指示灯泡的好坏，如充电指示灯、机油压力警报灯，有些要用专门的检验开关并加接许多隔离二极管来检验。

5.4 汽车用线及接线柱

5.4.1 汽车用电线

汽车电路是用导线连接起来的，而其导线是由电器从电源获得电能必不可少的元件。汽车电气设备的连接导线，按承受电压的高低，可分为高压导线和低压导线两种。其中，低压导线按其用途分为普通低压导线和低压电缆线两种。汽车充电系统、仪表、照明、信号及辅助电气设备等，均使用普通低压导线，而启动机与蓄电池的连接线、蓄电池与车架的搭铁线等则采用电缆线；点火线圈(高压)输出线、分电器盖至发动机各缸火花塞上的(高压)分线，则使用特制的高压点火线或高压阻尼点火线。

1. 低压线

汽车上各种电气设备所用的连接导线，可根据用电设备的负载电流大小适当选择导线的截面积。其原则一般为：长时间工作的电气设备可选用实际载流量 60% 的导线；短时间工作的用电设备可选用实际载流量 60%～100% 之间的导线。同时，还应考虑电路中的电压降和导线发热等情况，以免影响用电设备的电气性能，避免超过导线的允许温度。为保证一定的机械强度，一般低压导线截面积不小于 $0.5 \ \text{mm}^2$。

2. 高压线

汽车用高压点火线，可分为普通铜心高压线和高压阻尼线两种。其中，高压阻尼线的特点是：可抑制或衰减点火系统所产生的对无线电设备干扰的电磁波。

5.4.2 接线柱

有一定含义的汽车电器接线柱标志，对于从事汽车电器产品设计制造的机构(如汽车电器制造厂、研究所)或从事汽车电路配线、检修的部门具有重要的意义。当电路接线和产品类型经常变化时，他们不用熟知电器的内部结构也能轻易地识别产品的接线柱含义。这样，即使在没有电路图和接线图的情况下，熟练的汽车维修电工与驾驶员也能进行大部分或全部线路的连接与操作。

我国在 1989 年结合国情参照德国标准制定的《汽车电器接线柱标记》的国家标准 (ZBT 36009—1989)。许多老的汽车电器工作者，每当看到这些接线柱标志，便能准确地说出它们的含义。

30 接线柱：不论汽车是否工作，都与蓄电池正极相接，是始终有电的接线柱。

31 接线柱：与蓄电池负极搭铁相连的接线柱。

31b 接线柱：可以通过一个特定开关搭铁的接线柱。

15 接线柱：在点火开关正常接通(ON)时才与蓄电池正极相通的接线柱。

56 接线柱：接前照灯变光器的接线柱。

56a 接线柱：前照灯远光灯接线柱。

56b 接线柱：前照灯近光灯接线柱。

58 接线柱：接示宽灯、仪表灯、尾灯、牌照灯、室内灯的接线柱。

49 接线柱：转向闪光器的电源输入端。

49a 接线柱：转向闪光器的闪光信号输出端。

许多其他接线柱标志请参阅 ZBT 36009—89《汽车电器接线柱标记》。

现代汽车逐渐普及的电子控制系统给汽车电路带来新的革命性变化，电路结构空前复杂。这些新的器件包括传感器、电子控制器(ECU)及各种各样的执行器，带来大量的新的接线柱标志，各国各厂家也各有异同，在实际工作中值得我们认真学习和掌握，并准确适当地加以应用。

我国国家标准《汽车电器接线柱标记》(ZBT 36009—69)的主要内容见表 5-6～表 5-12。

表 5-6　点火、启动、电源系统电器接线柱标记

电　器	接线柱标记		接线柱标记的含义
	基本标记	下标	
点火系统	1	1a 1b 1c	点火线圈和分电器上，互相连接的低压接线柱；电子点火装置中，点火线圈上输入信号的低压接线柱 带两个分立电路的分电路 I 的低压接线柱(自点火线圈 I 的低压接线柱 1 来) 带两个分立电路的分电 08 II 的低压接线柱(自点火线圈 II 的低压接线柱 1 来) 电子组件上，输入信号的接线柱
	7		无触点分电器上，输出信号的接线柱电子组件上，输出信号的接线柱
	15		点火开关和点火线圈上，互相连接的接线柱 电子点火装置中，点火线圈上，分电器上，电子组件上的电源接线柱
预热启动系统	15 19 50		预热启动开关上接其他用电设备的接线柱 预热启动开关上的预热接线柱 预热启动开关上的启动接线柱
一般用处 (特殊规定除外)	30 31 E		电器上接蓄电池正极或电源的接线柱 电器上接蓄电池负极的接线柱 电器上的搭铁接线柱

表 5-7　启动系统接线柱标记

电　器	接线柱标记		接线柱标记的含义
	基本标记	下标	
启动系统		15a 30a	启动机开关上接点火线圈的接线柱 带有 12～24 V 电压转换开关时，电压转换开关上接蓄电池 I 正极的接线柱
	31		12～24 V 电压转换开关上，接蓄电池 I 负极的接线柱
	50		启动继电器上或 12～24 V 电压转换开关上，控制启动机电磁开关上的输出接线柱；启动机电磁开关上的相应接线柱
			点火开关上、预热启动开关上，用于启动的输出接线柱、启动按钮的输出接线柱；机械式启动开关上的相应接线柱
			带有 12～24 V 电压转换开关时，电压转换开关上，控制本身的输入接线柱
		61a	复合启动继电器上，接充电指示灯的接线柱
	86		启动继电器上，绕组始端接线柱
	A		启动继电器上，接交流发电机 A 的接线柱
	N		复合启动继电器上，接交流发电机 N 或类似作用的接线柱

表 5-8　发电机及调节器接线柱标记

电　器	接线柱标记		接线柱标记的含义
	基本标记	下标	
发电机	61		交流发电机上，调节器上，接充电指示灯的接线柱
	A		直流发电机上，电枢输出接线柱；调节器上的相应接线柱
	B		交流发电机上的输出接线柱 直流发电机调节器上，接蓄电池正极的接线柱 交流发电机调节器上，接点火开关或电源开关的接线柱
		D+	交流发电机上，磁场二极管的接线柱；调节 99 上相应接线柱 当无 61 接线柱时，用于充电指示灯的接线柱
	F		发电机上的磁场接线柱，调节器上的相应接线柱
	N		交流发电机上的中性接线柱；调节器上的相应接线柱
	S		交流发电机调节器上，接蓄电池电压检测点的接线柱
	W		交流发电机上的相电流接线柱 交流发电机上的第一个相电流接线柱 交流发电机上的第二个相电流接线柱

表 5-9 照明与信号(灯)系统的接线柱标记

电 器	接线柱标记		接线柱标记的含义
	基本标记	下标	
照明和信号灯系统(转向信号装置除外)	54		制动灯开关和制动灯互相连接的接线柱
	55		雾灯开关和雾灯互相连接的接线柱
	56		灯光总开关和变光开关互相连接的接线柱;变光开关上除远光、近光、超车接线柱外的另一个接线柱
		56a	变光开关上的远光接线柱;远光灯上的相应接线柱
		56b	变光开关上的近光接线柱;近光灯上的相应接线柱
		56d	变光开关上的超车接线柱
	57		灯光总开关上或点火开关上和停车灯开关互相连接的接线柱
		57L	停车灯开关和左停车灯互相连接的接线柱
		57R	停车灯开关和右停车灯互相连接的接线柱
	58		灯光总开关上接前小灯、示宽灯、尾灯、牌照灯、仪表照明灯等的接线柱
			灯光开关上,用于控制示宽灯、尾灯、牌照灯、仪表照明灯的接线柱
		58a	仪表照明灯开关和仪表照明灯互相连接的接线柱(单独布线时)
		58b	室内照明灯开关和室内照明灯互相连接的接线柱(单独布线时)
		58c	灯光总开关和前小灯互相连接的接线柱(单独布线时)
	59	59a	倒车灯开关和倒车灯互相连接的接线柱
			倒车指示灯上电源接线柱
		59b	倒车警报器上的电源接线柱

表 5-10 电动喇叭和声响警报装置的接线柱标记

电 器	接线柱标记		接线柱标记的含义
	基本标记	下标	
电喇叭和声响警报装置	72		警报开关上的接线柱
	H		喇叭继电器上,接电喇叭的接线柱
	S		喇叭继电器上,电磁阀上,接喇叭按钮的接线柱
	W		警报继电器上,按警报灯、警报喇叭的接线柱

表 5-11 转向信号与警报系统的接线柱标记

电 器	接线柱标记		接线柱标记的含义
	基本标记	下标	
转向信号系统	49		转向开关上的输入接线柱
			警报开关上，接转向开关的接线柱
		49a	警报闪光器和警报开关互相连接的接线柱
		49L	转向开关上、警报开关上和左转向灯互相连接的接线柱
		49R	转向开关上、警报开关上和右转向灯互相连接的接线柱
	L		转向信号闪光器上接转向开关的接线柱
			警报开关上，接转向信号闪光器的接线柱
	P		转向信号闪光器上接监视灯的接线柱
		P1	左监视灯的接线柱
		P2	右监视灯的接线柱

表 5-12 (风窗)刮水器、洗涤器的接线柱标记

电 器	接线柱标记		接线柱标记的含义
	基本标记	下标	
(风窗)刮水器、洗涤器	53		刮水电动机上的主输入接线柱；刮水器开关上的相应接线柱
			间歇继电器上，绕组始端接线柱
			洗涤器上，电源接线柱
		53c	洗涤器和刮水器开关互相连接的接线柱
		53e	带有复位机构刮水器上的复位接线柱；刮水器开关上的相应接线柱
		53i	刮水器开关上和间歇继电器上绕组互相连接的接线柱
		53j	刮水器开关上和间歇继电器上触点互相连接的接线柱
		53m	刮水器和间歇继电器互相连接的接线柱
		53s	间歇控制板上的电源接线柱；刮水 gS 开关上的相应接线柱
		53H	双速刮水器上的高速接线柱；刮水器开关上的相应接线柱
		53L	双速刮水器上的低速接线柱；刮水器开关上的相应接线柱

照明与信号灯系统电路接线柱标记如图 5-13 所示。

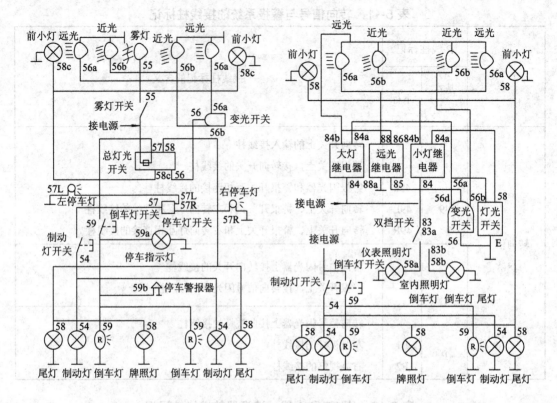

图 5-13 照明与信号灯系统电路接线柱标记

刮水器、洗涤器及其接线柱标记如图 5-14 所示。

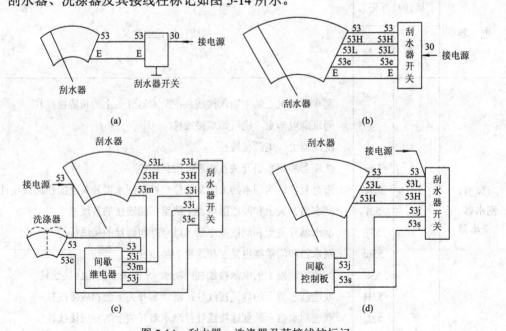

图 5-14 刮水器、洗涤器及其接线柱标记

(a) 单速刮水器；(b) 带复位机构的双速刮水器；

(c) 带刮水间歇继电器的刮水、洗涤器；(d) 带间歇控制板的刮水器

5.5　汽车电路图的识读要领

5.5.1　接线图与连接器

汽车电路的具体接线可以有多种不同的形式，但是，它们最终还是通过连接器(又称插接器、插接件等)进行连接的，如图 5-15、图 5-16 所示。

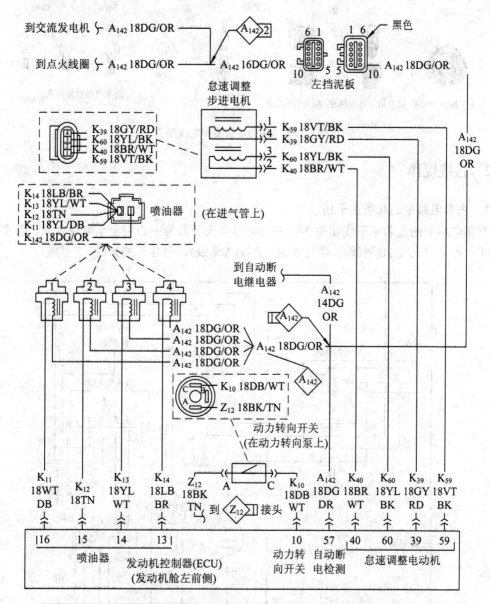

图 5-15　北京切诺基越野车(2.5l 发动机)喷油器/怠速调整机构接线图

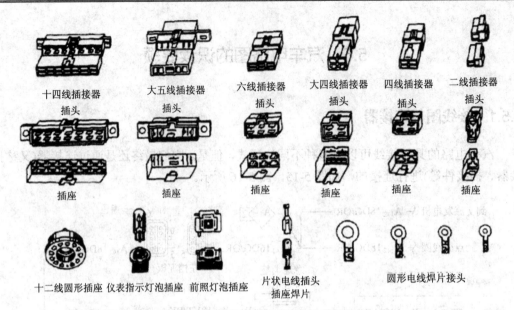

十四线插接器　　大五线插接器　　六线插接器　　大四线插接器　　四线插接器　　二线插接器
　插头　　　　　　插头　　　　　　插头　　　　　　插头　　　　　　插头　　　　　　插头

插座　　　　　　插座　　　　　　插座　　　　　　插座　　　　　　插座　　　　　　插座

十二线圆形插座　仪表指示灯泡插座　前照灯泡插座　　片状电线插头　　　圆形电线焊片接头
　　　　　　　　　　　　　　　　　　　　　　　插座焊片

图 5-16　汽车常用的连接器和电线接头

5.5.2　接线规律

1．汽车电路中的几条主干线

汽车电路中的几条主干线如图 5-17 所示，以点火开关为中心将全车电路分成 3 条主干线，即：蓄电池火线(30 号线)、附件火 X、P 线(Acc 线)、钥匙开关火线(15 号线)。

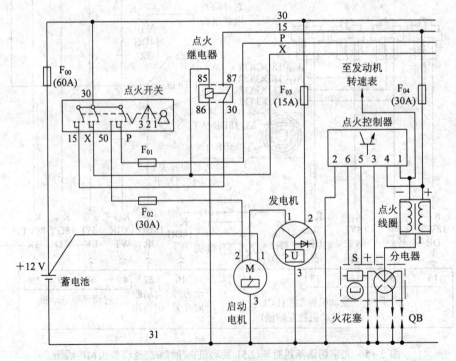

图 5-17　汽车电路中的几条主干线

(1) 蓄电池火线(B 线或 30 号线)。从蓄电池正极引出直通熔断器盒，也有些汽车的蓄电池火线接到启动机火线接线柱上，再从那里引出较细的火线。通往启动机的主火线截面积为 50～80 mm²；而通往熔断器盒和发电机正极的主火线截面积通常在 2.5～10 mm² 之间，是常带电的电线。在这条电线上连接的电器一般不受点火开关控制，如危险警告灯、点烟器、喇叭等。

(2) 点火仪表指示灯线(1G 线或 15 号线)。点火开关在 ON(工作)和 ST(启动)才有电的电线，必须有汽车钥匙才能接通点火系统、预充磁、仪表系统、指示灯、信号系、电子控制系等重要电路。

(3) 附件专用线(Acc 线或 15A 线或 P、X 线)。用于发动机不工作时需要接入的电器，如收放机、点烟器等。点火开关单独设置一挡予以供电，但发动机运行时收音机等仍需接入，与点火仪表指示灯等同时工作，所以点火开关触刀与触点的接触结构要作特殊设计。

(4) 启动控制线(ST 线或 50 号线)。启动机主电路的控制开关(触盘)常用磁力开关来通断。磁力开关的吸引线圈、保持线圈可以由点火开关的启动挡控制。大功率启动机的吸引、保持线圈电流也很大(可达 40～80 A)，容易烧蚀点火开关的"30～50"触点对，必须另设启动机继电器(如东风、解放及三菱重型车)。装有自动变速器的轿车，为了保证空挡启动，常在 50 号线上串有空挡开关。

(5) 搭铁线(接地线或 31 号线)。汽车电路中，以元件和机体(车架)金属部分作为一根公共导线的接线方法称为单线制，将机体与电器相接的部位称为搭铁或接地。

搭铁点分布在汽车全身，由于不同金属相接(如铜与铁、铜与铝、铅与铁)，形成电极电位差，有些搭铁部位容易沾染水、油污或生锈，有些搭铁部位是很薄的钣金件，都可能引起搭铁接触不良，如灯不亮、仪表不起作用、喇叭不响等。要将搭铁部位与火线接点同等重视，所以现代汽车局部采用双线制，设有专门公共搭铁接点，编绘专门搭铁线路图。堪与熔断器电路提纲图并列。为了保证启动时减少线路接触压降，蓄电池极桩夹头、车架与发电机机体都接上大截面积的搭铁线，并将接触部位彻底除锈、去漆、拧紧。

2．汽车电源——发电机与蓄电池的接线

(1) 发电机与蓄电池并联，蓄电池必须负极搭铁。蓄电池正极经电流表(或直接)接发电机正极，蓄电池静止电动势常在 11.5～13.5 V。发电机输出电压常限定在 13.8～15 V 之间(24 V 电系为 28～30 V)，发电机工作时正常电压(调节电压)比蓄电池高出 0.3～3.5 V，是为了克服线路压降，使蓄电池既充足电又不至于过度充电。

(2) 电流表串联在发电机正极与蓄电池正极之间，用以反映蓄电池充放电程度。要使发电机充电电流从电流表 ⊕ 极进去，指针偏向 ⊕ 端；而在蓄电池往外放电时(电流从 ⊖ 端进去)，指针偏向 ⊖ 端，点火开关如图 5-18 所示。

超过电流表量程的负载电流，如启动机、预热塞、喇叭等电流不要经过电流表，发电机正常工作时，向其他负载供电，电流不要通过电流表，而当发电机不工作时，蓄电池向其他负载的供电电流必须通过电流表。

现代汽车发电机功率日益增大，大电流通过仪表时常引起接点烧损、仪表损坏，可以用分流器使粗导线不进驾驶室，用 mV 表代替电流表。目前，多用充电指示灯代替电流表，其缺点是不知充、放电电流的大小，过度充电时不易发现。

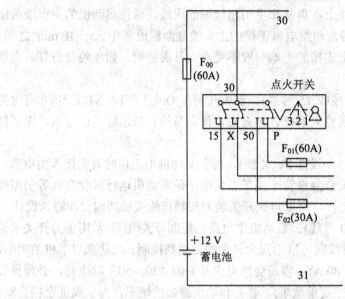

图 5-18　点火开关

(3) 发电机需要预充磁——他激电流。因交流发电机体积小，硅钢片用量少，剩磁微弱，靠剩磁发电往往要很高转速才能建立起工作电压，且不易控制，所以，发电机低速发电靠他激——蓄电池供给激磁电流。发电机与蓄电池的连接如图 5-19 所示，点火开关接通即可供给，其电流约 2～2.5 A；发电机转动即可发电。缺点是：若忘记关断点火开关，则会使蓄电池放电过多，磁场线圈被烧毁。

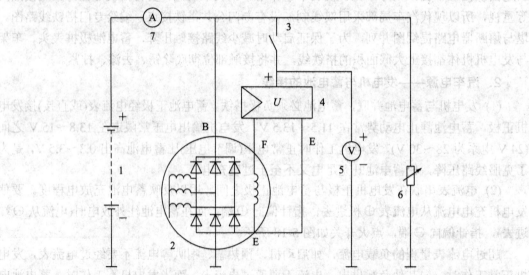

1—蓄电池；2—发电机；3—点火开关；4—调压器；5—电压表；6—其他用电设备(负载)；7—电流表

图 5-19　发电机与蓄电池的连接

整体式交流发电机与蓄电池的连接如图 5-20 所示，为了正常发电，也由点火开关控制输入预充磁电流，但其数值大小受充电指示灯 4 和并联电阻 8 的限制。实践表明：交流发电机达到 14 V 的零电流转速与预充磁电流大小有关，如能保证激磁电流在 0.3 A 左右，不仅可使零电流转速限制在 1200 r/min 以下，而且这个电流既点亮了充电指示灯，又不至于使蓄电池过度放电。由于指示灯泡电流过小(或为发光二极管)，可以将指示灯与适当电阻并联，此方案多见于德国大众系列汽车和日本日产(Nissan)系列汽车。

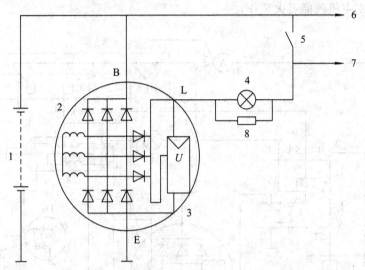

1—蓄电池；2—整体式交流发电机；3—内装集成(IC)电路调节器；4—充电指示灯；

5—点火开关；6—其他负载；7—点火、仪表指示灯；8—并联电阻

图 5-20 整体式交流发电机与蓄电池的连接

(4) 发电机磁场线圈的搭铁点。采用外装调节器的交流发电机的磁场线圈搭铁点分为两种情况：一种是磁场线圈直接在发电机内部搭铁，如国产东风 EQ1092，北京 BJ2020 汽车的发电机；另一种是磁场线圈不在发电机内部搭铁，而是通过调节器搭铁，如解放 CA1092 汽车的交流发电机，它的磁场线圈两端都不直接搭铁。后者调节器的 F 端是激磁电流的输入端(流进调节器，见解放 CA1090 汽车电路)，调节器末级开关管是 NPN 型的；而前者内搭铁调节器的 F 端是激磁电流输出端(流出调节器)，末端开关管是 PNP 型的。+端是励磁电流输入端(流进调节器)。

3. 启动、预热系统接线

启动、预热系统的功用是将进入气缸的空气升温到适宜点火(或自燃)的温度，用启动机驱动曲轴达到一定转速，并使发动机由静止状态进入点火(着火)且连续运转状态。

1) 启动系统

一般带启动保护的启动控制电路如图 5-21 所示，其启动继电器线圈受控于点火开关上的启动挡(50 号线)。

当启动点火钥匙开关在 0 挡时，电路均断开。

Ⅰ 挡时(未启动)，点火开关可以完成几项任务：① 发电机 5 磁场预充磁；② 点火线圈 8、仪表、指示灯接通，充电指示灯 7 亮。

Ⅱ 挡时，点火开关在接通上述电路的同时接通启动机继电器：蓄电池 1 ⊕ →电流表 4 →点火开关 10(1—4)柱→启动机继电器 2 线圈 a→常合触点 b→搭铁→蓄电池 ⊖。

结果是常开触点 a 吸合，启动机 3 的吸引、保持线圈得电，启动机小齿轮与飞轮齿圈啮合同时将主电路触桥接通：蓄电池①→触桥→吸启动机磁场线圈→启动机电枢→搭铁→蓄电池 ⊖，启动机驱动主机。与此同时，触桥将点火线圈旁路触点接通，电流直通点火线圈初级，附加电阻被隔除在外。当点火电压足够，气缸内温度适宜，燃料、空气配比恰当，达到启动转速则主机就能着火工作。

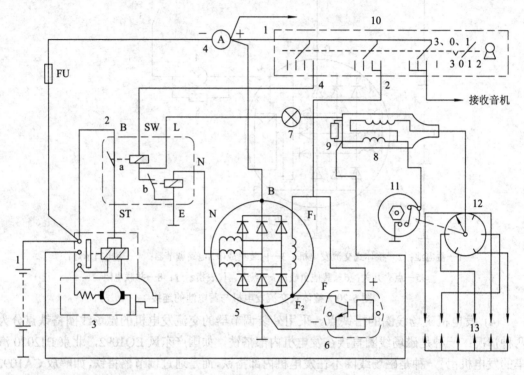

1—蓄电池；2—启动机继电器；3—启动机；4—电流表；5—交流发电机；6—电压调节器；7—充电指示灯；
8—点火线圈；9—点火线圈的附加电阻；10—点火开关；11—断电器；12—分电器；13—火花塞

图 5-21　带启动保护的启动控制电路

主机着火工作后，发电机 5 的中性点 N 的对地电压(约为发电机调节电压的 1/2)使启动继电器 2 中的启动保护继电器常合触点 b 断开。因此充电指示灯灭，表示已充电，切断了启动继电器线圈的搭铁通路，使触点 a 断开，令启动机 3 的吸拉保持线圈断电。此时，电流可以从启动机触盘引进，此电流使吸拉保持线圈电流磁场相反，磁力抵消。在回位弹簧作用下，启动机小齿轮退回，主电路切断，从而起到保护启动机的作用。即：当发动机正常运转时，即使误将点火开关扳到Ⅱ挡，启动机也不会与主机(发动机)飞轮啮合，这就避免了飞轮齿圈和启动机的损坏。

2) 预热系统

(1) 柴油车的预热。为了低温时顺利启动，在内燃机的进气管或气缸内装入加热新鲜空气的装置称为预热器。预热器分为电热式与电热火焰式，前者完全靠蓄电池电能加热，如中小功率柴油机。后者常用电能引燃油料(柴油、汽油或启动液)，可以节省电能，如依维柯、斯太尔汽车。

装在进气管的预热器体积功率较大，其通道口径与进气总管相同或稍大些，加热电阻片常为镍铬合金钢片，截面积约 10 mm × 1 mm。消耗电流在 100 A 左右(400～1200 W)，如日产柴油机汽车，解放 CAl092K2 柴油机汽车。

中小功率的柴油汽车多采用分置于各气缸内的电热塞(位于涡流室或预燃室内)。

(2) 汽油车的预热措施。装有汽油发动机的轿车(汽油车)在进气管(化油器下口处)设置了预热器，用以改善低温启动性能，如桑塔纳、切诺基、奥迪等装有化油器的轿车。预热器形状如蘑菇菌，上部有 Φ5～Φ6 mm 直径的铝散热棒 20 多根，长 30～40 mm，均排布在蘑菇菌形上部，发热体在散热棒根部，由继电器通过热敏开关来控制。

4．点火系统接线

1) 无触点电子点火系统

无触点点火系与有触点点火系相比，在原理上有许多相同之处。例如，初级电流增长需要一段时间，有触点点火系是靠凸轮不顶起触点顶块，无触点点火系是靠磁脉冲暂不产生(或霍尔信号暂不出现)——都有一个与气缸数相对应的触发叶轮或转子，在需要点火花的时刻产生点火脉冲信号或霍尔电压，无触点电子点火系的两种图示法如图 5-22 所示。

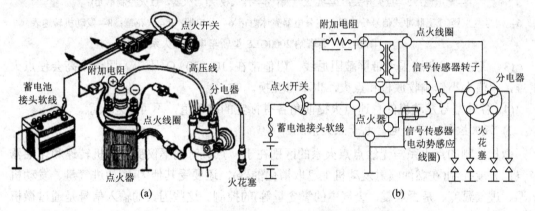

图 5-22　无触点电子点火系的两种图示法

(a) 实物连接图；(b) 接线图

在点火时刻切断初级电流，两种点火系是相同的。有触点点火系靠凸轮顶开触点，无触点点火系靠触发叶轮产生信号(信号发生器转子极尖正对磁极或叶轮缺口正对霍尔元件)，但初级电流的切断是靠点火器(点火模块或点火控制单元)来完成的，点火器代替触点切断或接通初级电流。将图 5-22 用符号法表达如图 5-23 所示，进一步可以说明信号发生器 5 代替凸轮，点火模块 4 代替了触点，从此图上还可以看出，在轿车中用途很大的发动机转速表 8 的信号，取自点火线圈 3 的末端与点火模块 4 的交点处。

无触点点火系接线规律可以归纳如下：

(1) 点火模块必须具备几条电线：① 由点火开关控制的电源输入线 2 条(4 脚、2 脚)；② 由信号发生器(信号发生器与分电器轴一体)发出的信号输入线 2 条(或 3 条，5 脚、6 脚、3 脚，其中第 5 脚是供信号发生器的电源火线)；③ 初级电流的输入、输出线 2 条(1 脚、2 脚)，与电源输入线相接(1 条，2 端)。

(2) 点火能量有所提高，初级电流由原来的 4～5 A 提高到 6～8 A，初级线圈阻值从 1.5 Ω

左右(不包括附加电阻)减少到 0.4～0.6 Ω；次级线圈的阻值从 6～7 kΩ 减少到 3 kΩ 左右；点火能量从 43 mJ 提高到 155 mJ(500 r/min 时)，高速时提高幅度更大，从 23 mJ(2500 r/min) 提高到 142 mJ(2000 r/min)。所以，无触点点火系与有触点点火系的许多机件不可互换。

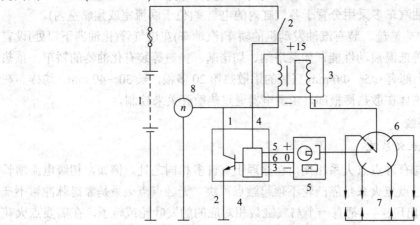

1—蓄电池；2—点火开关；3—点火线圈；4—点火模块(点火器，点火控制单元)；
5—信号发生器(或磁脉冲式信号传感器，在分电器壳体内)；6—分电器；7—火花塞；8—发动机转速表

图 5-23　桑塔纳 2000GLS 型轿车电子点火系统电路

(3) 高压电线普遍采用带屏蔽阻尼线，阻值常在 10～30 kΩ 不等。阻值太高会使点火困难，阻值太小影响收放机和点火，也不可互换。

(4) 各种型号发动机的怠速点火提前角各有标定的准确值，不可疏忽大意。

2) 微机控制的有分电器电子点火系统

微机控制的点火系与无触点点火系的区别在于：点火时刻不仅受发动机转速和化油器节气门开度控制(在燃油喷射发动机上已取消化油器)，还要受其他因素(如进气量、发动机水温、进气温度、是否爆震、废气中的氧含量等)的控制。这些因素的输入信号是通过微机(或 ECU)的比较、运算处理之后，由 ECU 对点火模块发出指令，给出十个在当时工况下的最佳点火提前角。每种工况下的最佳点火提前角，都是经过大量多工况实验所积累的各种表格储存在微机的内存中，随时可以调出以适应即时工况需要。

5. 照明系统接线

现代汽车的照明系统常用组合开关集中控制，组合开关多装在方向柱上，位于转向盘下方，操作时驾驶员的手可以不离开转向盘。汽车照明系统一般由前照灯、示宽灯、尾灯、牌照灯、仪表灯和室内灯组成。其中，前照灯又分远光和近光，由变光开关控制。照明系统原理图如图 5-24 所示，大灯开关是前照灯、示宽灯、尾灯、牌照灯和仪表灯的总控开关。

各种灯具的灯泡功率范围如下。

前照灯：50～75 W，四灯制则远光 4 灯亮，近光 2 灯亮；2 灯制由双灯丝灯泡变换功率，近光常为(35～50 W)×2，远光(55～75W)×2，为透明色。

示宽灯：5～10 W，可以单亮一侧，也可设计为两侧同亮，夜间常用灯为透明色。

尾灯：(5～10 W)×2，夜间常用灯为红色。

牌照灯：(5～10 W)×2，夜间常用灯为白色透明色。

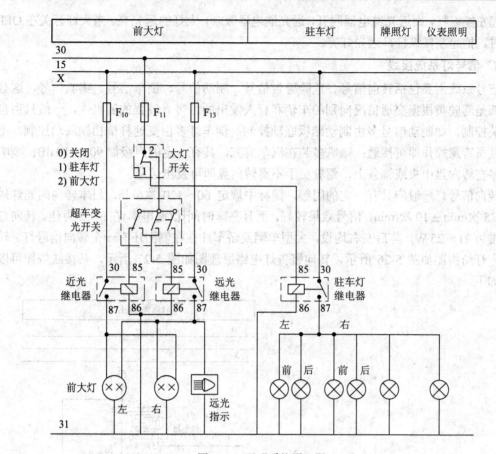

图 5-24　照明系统原理图

仪表灯：$(1\sim3.4\,\text{W})\times(4\sim8)$，夜间常用灯为透明色，可用普通玻璃楔型泡，也可用光导纤维将灯光线引至各点。

室内灯：$(8\sim10\,\text{W})\times2$，常由门控开关和手动开关双重控制。

照明系统的实践接线，如图 5-24 所示。

照明灯由灯光开关控制，灯光开关在"0"挡关断，"1"挡为小灯亮(包括示宽、尾灯、仪表灯牌照灯)，"2"挡为前照灯、小灯同亮。

灯光系统的电流一般直接来自蓄电池正极，不受点火开关控制。由于前照灯远光功率较大，为了减少照明开关的烧蚀，常用灯光继电器来控制通断，开关的 2 挡用于控制继电器线圈。

超车灯信号常用远光亮灭来表示，发出此信号时不需通过灯光开关，属于短时接通式。

如图 5-24 和图 5-25 所示，电源由 7N 端子流入，当旋转到"1"的位置时，7N 与 8N 接通，驻车(示宽)灯继电器吸合，前驻车(示宽)灯和尾小灯亮。再旋转，7N 和 8N、1N 接通，近光继电器吸合，大灯的近光亮。此时，

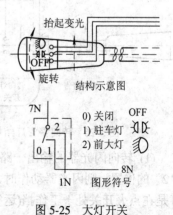

图 5-25　大灯开关

若抬起左操纵杆，则近光继电器脱开，远光继电器吸合，大灯的远光亮。当大灯开关在 OFF 位置时，抬起左操纵杆，远光灯亮。

6. 信号灯系统接线

信号系统主要包括转向信号、危险警告信号、制动信号、倒车信号、喇叭信号，这些信号都是驾驶员根据交通情况向别的车辆和行人发出的，带有较强的随机性，一般只由自身开关控制。如制动信号多由制动踏板联动控制；倒车灯多由变速杆倒挡轴联动控制，不用驾驶员特意操作即可接通；喇叭多装在汽车前方，具有一定的声级如 90～110 dB；喇叭按钮多在转向盘中央或辐条上，驾驶员手不离转向盘即可发出信号。

转向信号灯一般应具有一定的闪频，国标中规定 60～120 次/min，日本转向闪光灯规定在 85 次/min ± 10 次/min，信号效果较好，而且亮暗时间比(通电率)在 3∶2 为佳。转向灯功率常为 21～25 W，前后左右均设，大型车辆及轿车往往在侧面还有一个转向信号灯。转向警告灯结构图如图 5-26 所示，转向警告灯电路原理图如图 5-27 所示，其接线规律可以归纳如下。

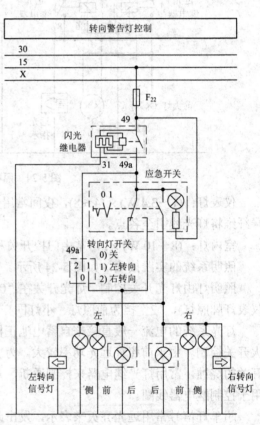

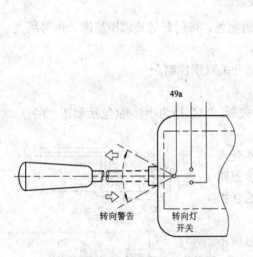

图 5-26 转向警告灯结构图   图 5-27 转向警告灯电路原理图

(1) 转向闪光器的输出一路接转向开关，另一路接应急开关。当转向开关处在"1"或"2"的位置，则闪光器动作时，左右转向灯及指示灯会同时闪光发出危险信号。转向信号灯是在点火开关处于工作挡(运行)时使用。

(2) 转向开关在"0"位置(中间状态)，应急开关可以开启全部转向信号灯，称为

"双闪"，即危险警告。危险警告灯的使用场合主要有：本车有故障或危险不能行驶；需要呼救(特别是在高速公路上，本身有牵引别车的任务，需要别车注意)；本车需优先通过，需别车回避。危险警告灯可在车辆停歇或发动机不工作时使用，为此设有危险警告开关，毋需接通点火系及仪表报警灯。

(3) 危险警告灯内部有一危险警告指示灯，便于夜间行车引起驾驶员注意。

(4) 为了检测转向灯泡是否烧坏，在转向闪光器中设有监测装置，若有转向灯泡烧坏，则转向信号及指示灯的频率明显加快或变慢，用以提醒驾驶员更换灯泡。为了提醒驾驶员在车辆直行时及时关闭转向信号，有些闪光器装有可发出响声的继电器。

7．刮水/洗涤系统接线

刮水电动机通常安装在挡风玻璃或后窗玻璃下方的车身内侧，刮水臂摆动角一般在110°以上。前挡风玻璃上常为双臂刮水，其刮臂运动方式为平行式或对向式。刮水电动机一般为永磁式三电刷直流电动机，转子绕组为叠绕式线圈，整流(换向)片不多于10片。处于直径方向的一对电刷在通电时常为低速刮水，而当第三个电刷参与导电时则为高速刮水。永磁磁极被安放在外壳内壁上，其转子轴的延长部分为蜗杆，它与涡轮啮合，传动比 $i = 50 \sim 60$，涡轮轴低速刮水时为 $30 \sim 40$ 次/min，高速刮水时为 $60 \sim 70$ 次/min。刮水/洗涤器开关结构图如图 5-28 所示，其电路原理图如图 5-29 所示，其接线规律如下：

(1) 刮水电动机的 4 挡(点动)、2 挡(低速)、3 挡(高速)由刮水器的开关控制。低速时 $30 \sim 45$ 次/min；高速时 $60 \sim 75$ 次/min。

(2) 0 挡时(OFF 位置)，刮水臂应定位停歇在挡风玻璃下沿。定位停歇是靠能耗制动来实现的。

(3) 洗涤电动机通过洗涤 K(洗涤刮水器开关抬起)短暂接通。

(4) 1 挡为间歇刮水，它是通过间歇继电器，每隔 $6 \sim 8$ s 使常闭触点断开，常开触点闭合 $1 \sim 2$ s，以启动刮水电动机。

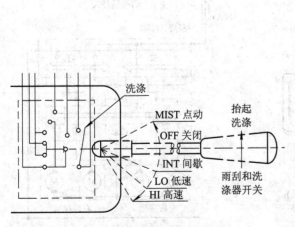

图 5-28　刮水/洗涤器开关结构图

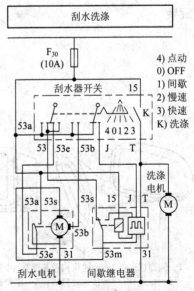

图 5-29　刮水/洗涤电路原理图

8. 电动车门玻璃升降系统接线

较高档的轿车都采用了电动车门玻璃升降器。它主要由电动机、减速装置等组成，车门玻璃升降电路原理图如图 5-30 所示。

当电动玻璃升降器中的直流永磁电动机接通额定电压后，转轴输出转矩，经涡轮蜗杆减速后，再由缓冲联轴器传递到卷丝筒，并带动卷丝筒旋转，使钢丝绳拉动安装在玻璃托架上的滑动支架于导轨中上下运动，达到使车门玻璃升降的目的。

电动车门玻璃升降器由两组开关控制，其安装位置，随着车型的不同而有所不同。控制电路的基本原理大致相同，为了确保安全，右门玻璃的升降由左边驾驶员控制，因此，设置了左控右开关。点火开关置于"ON"位置上，通过开关可方便地控制车门玻璃的升降。

车门玻璃上升到顶或下降到底没有限位开关，因此，到极点后应松开开关，以防烧坏电机。

9. 电动后视镜控制开关接线

较高档的轿车都装备了电动后视镜。电动后视镜和开关图如图 5-31 所示，主要由镜面玻璃、双电动机(在 2 内)、连接件、传递机构及其壳体等组成，控制开关是组合开关。

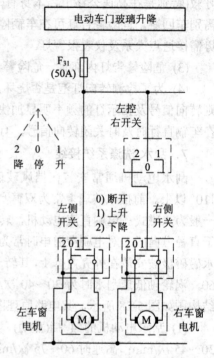

图 5-30　车门玻璃升降电路原理图

电动后视镜电路原理图如图 5-32 所示，电动后视镜组合开关控制左、右后视镜。S1 拨向右边，S2、S3 为连体开关。S2 左右按，后视镜片左右旋转，S3 上下按，后视镜片上下旋转。

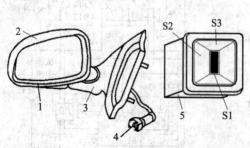

1—镜面玻璃；2—传递机构及其壳体(内含双电机)；
3—连接件；4—插头连接线；5—组合控制开关

图 5-31　电动后视镜和开关图

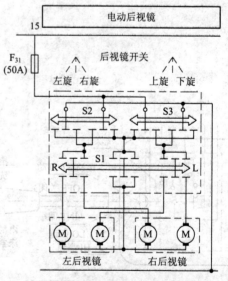

图 5-32　电动后视镜电路原理图

10. 电动喇叭接线

轿车采用盆形电动喇叭，有高音喇叭、低音喇叭各一个，并同步工作，电动喇叭的电路图如图 5-33 所示。为了避免使用两个喇叭造成电流过大而烧坏喇叭按钮，在两个喇叭的电路中设置了喇叭继电器。双音喇叭的工作由位于转向盘上的喇叭按钮 H 控制，按下转向盘两边的任一喇叭按钮时，喇叭继电器被吸合，电流经熔断器和继电器触头进入双音喇叭 H1、H2，喇叭即发音。抬起喇叭按钮时，喇叭继电器触点断开，喇叭电流被切断，喇叭停止发音。盆形喇叭波长与声源面积之比较小，故声束的指向性较好，对噪声的穿透力较强。盆形喇叭所消耗的电流和外形尺寸较小。

11. 雾灯电路

雾灯分为前雾灯和后雾灯，前雾灯左右各一个，规格为 12 V/55 W；后雾灯有一只，一般安装在左后方，规格为 12 V/21 W。雾灯电路有的受大灯开关控制，有的单独控制，雾灯电路图(单独控制电路)如图 5-34 所示。

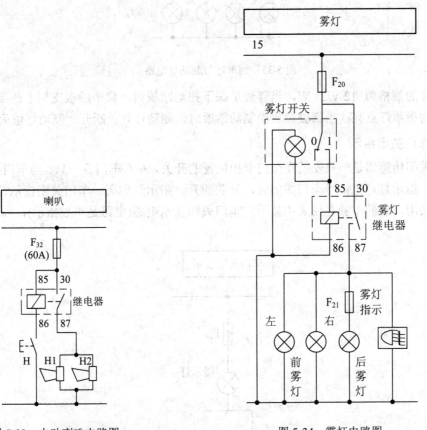

图 5-33　电动喇叭电路图　　　　　图 5-34　雾灯电路图

雾灯开关控制雾灯继电器工作，雾灯开关内有一指示灯，当开关按下后，雾灯开关内和仪表内的雾灯指示灯都会点亮。

12. 倒车灯与制动灯电路

倒车灯与制动灯控制电路如图 5-35 所示。倒车灯与制动灯分为左、右两只，与后转向信号灯和尾灯等组合在一起。倒车灯的规格为 2 V/21 W，当变速杆拨到倒车挡时，倒车灯开关接通，倒车灯点亮；当变速器杆移回挡位时，倒车灯开关断开，倒车灯熄灭。

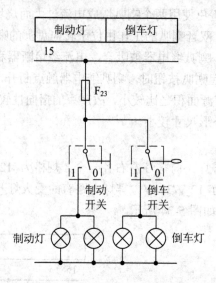

图 5-35　倒车灯与制动灯电路

制动灯的规格为 12 V/21 W，当驾驶员踩下扭动踏板时，位于踏板支架上的制动开关接通，制动指示灯点亮；当驾驶员放松制动踏板时，制动灯开关断开，制动灯熄灭。

13. 车门关闭指示

车门关闭传感器是一只安装在车门卡扣位置的开关，左右车门各一只。当车门打开时，开关闭合，指示灯点亮；当车门关闭时，开关断开，指示灯熄灭。车门关闭指示灯，有的与阅读灯共用，有的单独在仪表中显示，车门关闭指示电路(电路是单独指示)，如图 5-36 所示。

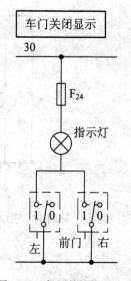

图 5-36　车门关闭指示电路

5.5.3　识读汽车电路图的要点

汽车电气系统的功能是保证车辆在行驶过程中的可靠性、安全性和舒适性。一般轿车的电路可分为以下几个系统：

(1) 供电系统：包括交流发电机及其调节器。

(2) 启动系统：包括直流启动电机、进气歧管预热装置等。

(3) 点火系统：包括点火开关、点火线圈、分电器、霍尔传感器、点火控制器、火花塞等。

(4) 照明系统：包括前照灯、雾灯、牌照灯、顶灯、阅读灯、仪表板照明灯、行李箱灯、门灯、发动机舱照明灯等。

(5) 仪表系统：包括车速里程表、燃油表、冷却液温度表、发动机转速表等。

(6) 信号系统：包括间响信号和灯光信号装置，以及制动信号灯、转向信号灯、倒车信号灯和各种报警指示灯等。

(7) 辅助用电设备：包括电动玻璃升降器、中央集控门锁、电动后视镜、风空刮水器、洗涤器、电喇叭、点烟器等。

当你拿到一张汽车电路图时，它们大多是布线图、原理图或接线图，不论哪种，一般都是线条密集、纵横交错、头绪复杂，不易读懂。面对这样的电路图，怎样把它看懂？怎样找出其电路的特点和规律？如何利用它进行检查、测量和维修？凡此种种，从何处着手？除了了解汽车电路的基本知识、汽车电气系统的基本组成、汽车电路图中的图形符号及有关标志之外，不妨按以下方法试读汽车电路图。

1. 纵观"全车"，掌握"局部"——由"集中"到"分散"

全车电路一般都是由各个局部功能电路所构成，它表达了各个局部电路之间的连接和控制关系。要把局部电路从全车总图中分割出来，就必须掌握各个单元电路的基本功能和接线规律。

汽车电路的基本特点是：单线制、负极搭铁、各用电器互相并联。各单元(局部)电路，例如电源系统、启动系统、点火系统、照明系统、信号系统、仪表系统等都有其自身的特点，看电路要以其自身的功能特点为指导，去分解并研究全车电路，这样做会减少盲目性，能比较快速、准确地识读汽车电路图。

首先，必须认真地读几遍图注，对照线路图查看电器在车上的大概位置及数量，了解电器的用途，如有新颖独特的电器，应加倍注意。

其次，可以用彩色铅笔按所标导线颜色逐条加以区分，对照图注找出每一个电器的电流通路。为了防止遗漏，应当找出一条就记录一条，直到最后一根线，其步骤如下：

(1) 找到电源系统。

① 首先找出(电源)蓄电池与启动机之间的连接(包括蓄电池总开关)。

② 找到发电机、调节器、电流表、蓄电池这条充电主回路(发电机"+"→电流表→熔断器→蓄电池→搭铁→发电机"–")。充电电路是全车电路的主干，它确立了两个直流电源之间的关系。如在另一张纸上记录改画，可将火线与搭铁分为上下两条线，以便接出其

他并联支路。

找出激磁电路。交流发电机的激磁电路常由点火开关或磁场继电器控制通断(发电机"＋"→点火锁→单联调压器触点 K(或附加电阻)→磁场线圈→搭铁→发电机"－")。

(2) 找出启动机电磁开关的控制线路。

(3) 找出点火系统。蓄电池点火系统的低压电路由电源、断电器、点火线圈、点火开关等串联而成。高压电路的高压线则按工作顺序与各缸火花塞相接。

(4) 找出照明系统。首先找到车灯总开关，再按接线符号分别找到电源火线、大灯远近光、变光器、雾灯、小灯、仪表灯、后灯、顶灯及其他灯。一般接线规律是小灯与大灯不同时点亮，远光与近光不同时点亮，仪表灯、后灯、牌照灯等在夜间工作时常亮。

有些汽车采用四灯制大灯，远光四灯亮、近光两灯亮。有些日本汽车将大灯改为双线制，一根灯丝设一个熔断器，变光器分为脚踩与手动两类，有的大灯还增设了刮水器。新增加的特殊用途灯常经备用熔断器引出，设独立开关控制。由于汽车电路中灯线多而长，若将照明系统改用原理图来表达，则看图与查线都很方便。

(5) 找出信号系统。一般汽车都具有转向信号灯、制动信号灯和喇叭。信号装置属于随时可能使用并短暂工作的电器，都接在带电的接线柱上，只受一个开关控制，以免耽误信号的发出。闪光继电器种类很多，如电热丝磁铁式、电容式、晶体管有触点和无触点式，在电路中，闪光器多为串联接法。

(6) 找出仪表系统。仪表系统受点火开关(或电源总开关)的控制。电热或电磁式仪表，表头与传感器串联。有的几块表共用一个稳压器或降压电阻，以获得较精确的读数。

有些车的仪表与指示灯共同显示一种参数，如充电、油压、气压、油量等，为了引起驾驶员警觉，用一个多谐振荡器控制指示灯闪烁，同时有蜂鸣器警报。有些进口车装有电子式发动机转速表、冷却水位指示灯和充电电压表，闪光器还接成或门电路。

(7) 找出辅助电器。为了提高汽车的经济性、动力性、操纵性、安全性和舒适性等，汽车电器的种类越来越多，除了以上几个系统的电器之外，其余都称为辅助用电器。比如数字显示的油耗、车速、时间等数据测量仪。

目前较常见的辅助电器有：排气制动电控系统、刮水器、暖风装置、空调电器、洗涤电动泵、门窗电动机、点烟器、除霜器等等。这些新型电器因为用途各异，其本身的结构可能非常复杂、新奇，必要时应对照实物作一些测绘记录。

此外，应用电子技术较多的汽车，其电子控制系统可分为若干个子系统来分析研究，例如，① 燃油喷射电子控制系统；② 自动变速器电子控制系统；③ 制动防抱死控制系统(ABS)；④ 动力转向控制系统；⑤ 悬架控制系统；⑥ 巡行(恒速)控制系统；⑦ 安全气囊及其控制系统。

2. 掌握"开关"的作用——所控制的"对象"

有些汽车为了减少总开关的电流，特地添置了不少的继电器，继电器的控制线圈属于一种开关控制，而其触点所控制的电器可能属于另一个开关(或熔断器)，在查线和改画原理图时要特别注意。

开关是控制电路通断的关键。一个主开关往往汇集了许多导线，分析汽车电路时应注意以下几个问题：

(1) 蓄电池(或发电机)的电流是通过什么路径到达这个开关的？中间是否经过别的开关和熔断器？这个开关是手动还是电控的？

(2) 这个开关控制哪些用电器？每个被控电器的作用是什么？

(3) 开关的许多接线柱中，哪些是直通电源的？哪些是接用电器的？接线柱旁是否有接线符号？这些符号是否常见？

(4) 开关共有几个挡位？在每个挡位中，哪些接线柱有电？哪些无电？

(5) 在被控的用电器中，哪些电器应经常接通？哪些应短暂接通？哪些应先接通？哪些应后接通？哪些应当单独工作？哪些应当同时工作？哪些电器不允许同时接通？

3. 寻找电流的"回路"——控制对象的"通路"

回路是最简单的电学概念。任何电器，要想正常工作(将电能转换为其他形式的能量)，必须与电源(发电机或蓄电池)的正负两极构成通路。即：从电源的正极出发，通过用电器，再回到同一电源的负极。这个简单而重要的原则，在读所有电路图时都是必须用到的，但在读汽车电路时却常因被忽略而理不出头绪。

汽车电路的主要特点是单线制及各用电器相互并联，因此，回路原则在汽车电路上的具体形式(或称为读图公式)就是：对于负极搭铁的电路，回路电流的路线是：电源正极 $\oplus \rightarrow$ 导线 → 开关 → 用电器 → 搭铁 → 同一电源的负极 $\ominus$。

读图的过程中，常常出现这样的错误：从电源正极出发，到某电器(或再经别的电器)又回到了电源正极。电源的电位表(电压)存在于电源正负极之间，而电源的同一电极是等电位的，没有电压。因此，这种从正极到正极的路线不会产生电流，这样读图当然是错误的。

初学者在读图时往往将发电机、蓄电池当做一个电源，从这个电源的正极出发，经过用电器到另一个电源的负极，实际上并未构成真正的通路，也就不能产生电流。因此，读图时要强调从一个电源正极出发，经过用电器，回到同一电源的负极。

有些人虽然注意到回路原则，但在电流方向上却是随意的，有时从电源正极出发，经用电器回到同一电源的负极(这是正确的)；有时又从电源的负极出发，经用电器回到电源的正极，这样虽然构成了回路，却因电流方向不确定，容易在某些线圈与磁路中引出错误的结论，而且这种从负到正的电流方向在电子电路中是行不通的。按照这种路线去连接这些电器(如电子调节器、电子点火系统、电子闪光(继电)器等)，可能损坏元件。

上述由集中到分散、注意开关的作用、找出电流的通路的过程，对于有点绘图能力的人来说，可以改画电路原理图，作进行分析、了解、归纳、综合以后，也可以作简要的文字记载。一般要经过几次反复改画、布置安排才能得到清楚、简要的原理图。为了使图画得简明清晰，必须尽量减少电线的曲折和交叉，使人一看就能抓住整车电路的要领，在原理图上要尽可能把接线柱符号、电线号码、颜色标志、导线直径，按实际连接关系标注出来。这样，在一般情况下可以不看线束图，只用原理图就能查线。

如果弄通了某种型号的汽车电路，就会通过这个具体的例子掌握汽车电路的一些共性规律，以这些共性为指导，再了解其他型号的汽车电路，就又会发现许多共性，及其相互之间的差异(即特殊性)。我国进口汽车的厂牌规格很多，汽车电路图表达了各国的厂家设计汽车整车电路的不同风格，体现了各国汽车电器工业的设计和制造水平。由于汽车电器的通用性和专业化生产的关系，各国整车电路结构形式可大致分为几种类型。比如，掌握了解放牌汽车电路的特点，就可以大致了解国产东风、跃进等汽车电路的特点；掌握了上海桑塔纳 LX，GX，GX5 轿车电路的特点，就可以基本了解捷达、高尔夫、奥迪轿车电路的特点；如果掌握了日产、三菱、丰田等汽车电路，就可以基本了解日本汽车电路的特点；如果掌握了奔驰、斯坎尼亚汽车电路，也就可以大致了解西欧汽车电路的特点。太脱拉、依发、却贝尔汽车则代表了东欧汽车电路的特点。随着汽车工业的发展，新颖独特的新电器正在大量涌现，汽车电路结构也会有许多新的变异。

5.6 汽车电器接线实训

5.6.1 汽车电器实训台

汽车电器实训台如图 5-37 所示，其按照实际的驾驶室操作，在接线面板上根据原理完成接线，接线的正确性可在驾驶室直接操作检验。当接线与实际要求不符时，可在面板上修正。

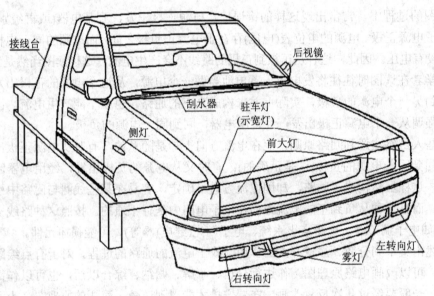

图 5-37 汽车电路实训台

实训台的接线面板(如图 5-38～图 5-41 所示)，是由完成原理图接线实现的，面板上各元器件符号代表一个真实器件，由于一个元器件会有较多的引线，因此，某些器件的引脚有多个插孔，面板上用一条连线将其连接在一起。接线面板有一只直流电压表和一只直流电流表，电压表显示稳压器输出电压，电流表显示输出电流。在接线面板的右下窗口是熔断器和继电器盒，如果接线出现短路，把保险丝熔断，对应的保险丝指示灯就会亮红灯，应更换保险丝。

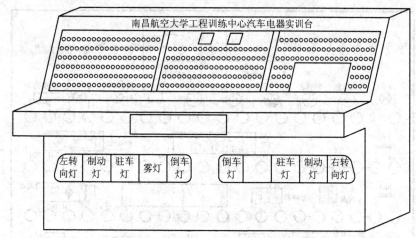

图 5-38　汽车电路实训台接线面板和尾灯

　　汽车电器实训综合了点火开关、照明、信号、刮水/洗涤、电动后视镜、车门玻璃升降、电喇叭等电路的接线训练。电路的元器件以汽车电器规范的符号形式展现在实训台的接线面板上，如图 5-39、图 5-40 和图 5-41 所示，各元器件的引脚都引入到插座。在汽车电路中搭铁线(接地线或 31 号线)为蓄电池的负极，分布在汽车全身，因此，有些元器件只引出单脚插座，另一脚已经接在车身上。有些引脚的标志是引用我国制定的新《汽车电器接线柱标记》标准。

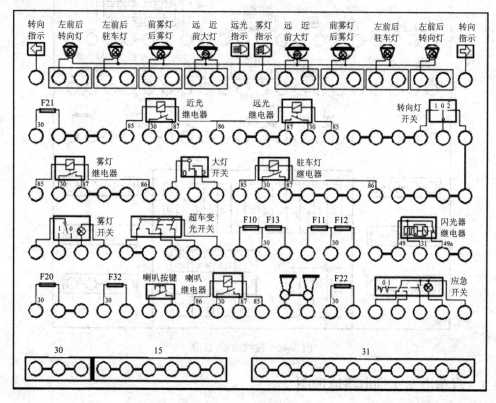

图 5-39　接线面板(左)图

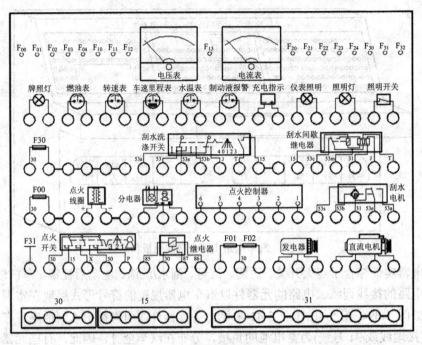

图 5-40　接线面板(中)图

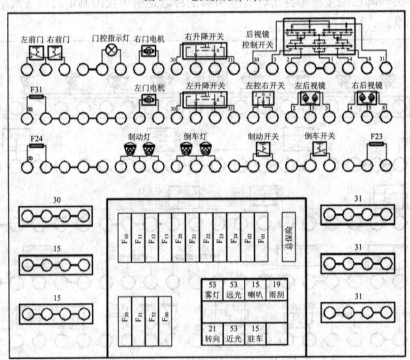

图 5-41　接线面板(右)图

5.6.2　汽车电器实训电路原理图

汽车实训电路原理图如图 5-42 和图 5-43 所示。

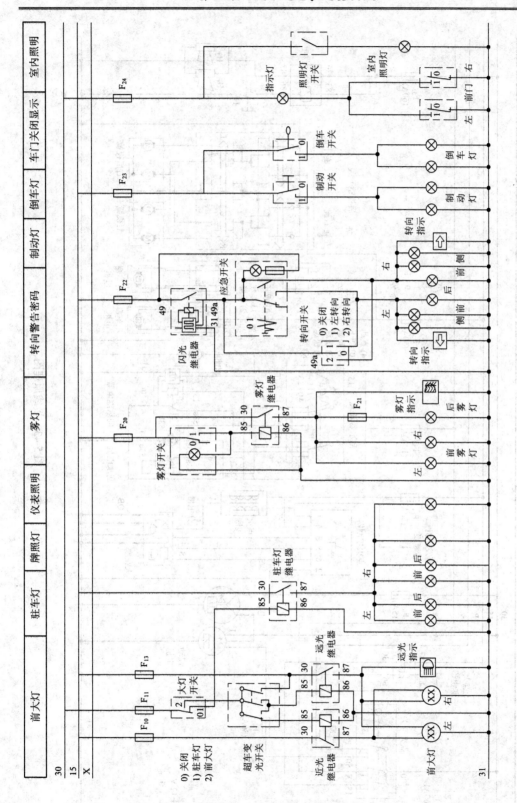

图 5-42 接线原理图一

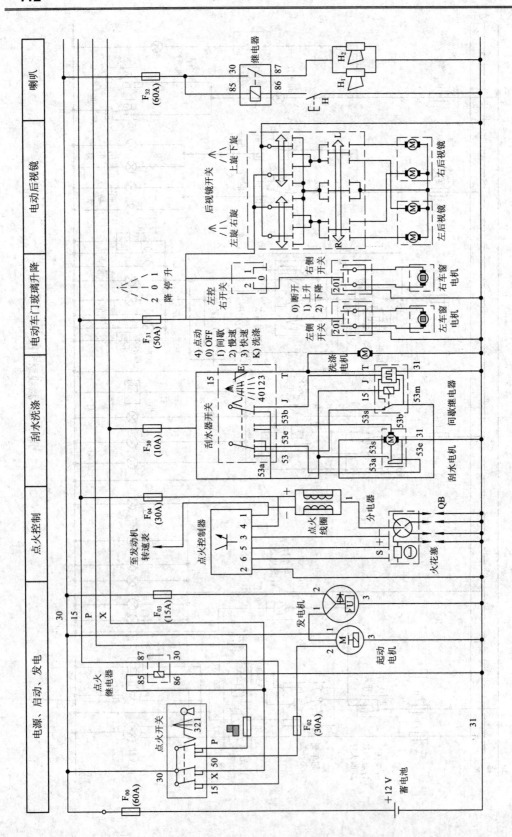

图 5-43　接线原理图二

5.6.3 实训台接线和检验操作

1. 接线操作

(1) 点火开关是电源总开关，因此，在每一个功能模块接线之前，应将点火开关锁置于 OFF 位置，功能模块接线完成后，开锁进行检验，然后将点火开关锁关闭，继续下面的接线。

(2) 接线顺序：F00(电源)输出→点火开关→15；F00(电源)输出→接线面板 30，然后连接其他模块。

(3) 接线面板上的保险丝符号，有一路引线上标明 "30"，应接电源，另一引脚接负载。熔断保险丝指示如图 5-44 所示，如果反接，保险丝熔断后就不能显示。

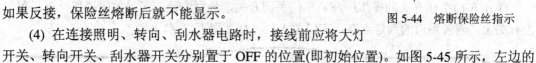

图 5-44 熔断保险丝指示

(4) 在连接照明、转向、刮水器电路时，接线前应将大灯开关、转向开关、刮水器开关分别置于 OFF 的位置(即初始位置)。如图 5-45 所示，左边的大灯开关和右边的刮水器开关都是在初始状态位置。

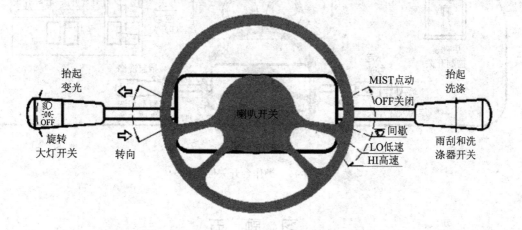

图 5-45 大灯开关和刮水器开关初始位置图

2. 检验操作

当一个模块接线完成后，可通过驾驶室内的操纵开关进行检验，如图 5-45 所示。

(1) 大灯开关操作：大灯开关在左操纵杆的端头，通过左手向前旋转来改变状态，第一挡为 OFF(初始位置)，第二挡为示宽灯(驻车灯)，第三挡为近光，在第三挡状态时，若向上抬起操纵杆，则变光。操纵杆抬起可锁定，再抬起可撤除锁定。

(2) 转向开关的操作：转向灯开关的操作是绕方向盘支柱顺时针或逆时针转。

(3) 刮水/洗涤器开关的操作：方向盘右边拨杆是刮水/洗涤器开关操纵杆，绕方向盘支柱转动改变刮水器工作状态，刮水器工作状态有：点动刮、间歇刮、低速刮、高速刮，操纵杆抬起接通洗涤开关，洗涤电机开始工作。操纵杆抬起不能锁定。

(4) 喇叭开关的操作：喇叭开关在方向盘上，按下开关接通。

(5) 车门玻璃升降开关的操作：如图 5-46 所示操作台开关的位置图。车门玻璃升降开关是自复位开关，按开关的上边，车门玻璃上升，按开关的下边，车门玻璃下降。

　　(6) 电动后视镜开关的操作：在方向盘的左边。如图 5-46 所示，这是一个复合开关，中间可左右拨动来选择左右后视镜，向左拨控制左后视镜，反之，控制右后视镜。选定后视镜，转动套在选择开关外面旋转开关，可控制镜面的旋转方向。

　　(7) 雾灯开关的操作：如图 5-46 所示，该开关是自锁定开关，按下开始工作，再按就撤除锁定。在工作状态时，仪表和开关内指示灯都会点亮。

　　(8) 应急灯开关的操作：如图 5-46 所示，该开关是自锁定开关，按下开始工作，再按就撤除锁定。在工作状态时，开关内指示灯点亮。

　　(9) 制动开关的操作：制动开关在刹车踏板下，只要脚踏刹车板，开关就合上，制动灯点亮。

　　(10) 车门关闭开关的操作：左右车门关闭开关，分别安装在车门关闭锁扣位置，车门没有关上，驾驶室内的顶灯点亮，车门关上后，灯才熄灭。

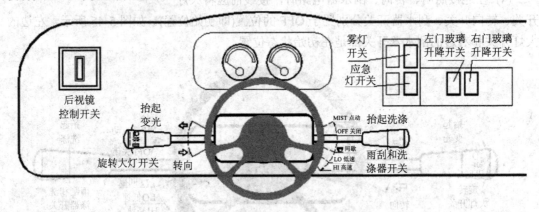

图 5-46　操作台开关位置图

习　题　五

1. 汽车电路图的表示方法有哪几种？
2. 汽车电路的基本特点是什么？
3. 汽车电器接线柱标志的意义是什么？
4. 没有蓄电池(或电流很小)汽车能启动吗？汽车启动后还需要蓄电池供电吗？
5. 应急灯的作用是什么？
6. 变光的作用是什么？
7. 汽车电路中有的灯或电器在控制时需要使用继电器，而有的不需要，这是为什么？
8. 汽车电路中 30、31、15 号线分别是什么线？

第二篇

电 子 实 践

第六章　电子技术工程实践基础知识

6.1　半导体器件资料的查询方法

1. 半导体器件分类

半导体器件是利用半导体材料制成的器件的总称。如半导体二极管、半导体整流器、晶体管、光敏电阻、热敏电阻、半导体光电池、半导体温差发电器、半导体制冷器、半导体激光器、半导体微波功率源及半导体集成电路等。其导电性介于导电体与绝缘体之间，是利用半导体材料的特殊性，来完成特定功能的电子器件。通常，这些半导体材料是硅、锗或砷化镓，可用于整流器、振荡器、发光器、放大器、测光器等器材。半导体器件为了与集成电路相区别，有时也称为分立器件。

用半导体制成的器件种类繁多，其中最主要的是半导体电子器件和半导体光电器件两大类。最基本的两种半导体电子器件是晶体二极管(简称二极管)和晶体三极管(简称晶体管)。

晶体二极管的基本结构是由一块 P 型半导体和一块 N 型半导体结合在一起，形成一个 PN 结。在 PN 结的交界处，由于 P 型半导体中的空穴和 N 型半导体中的电子要相互向对方扩散，而形成一个具有空间电荷的偶极层。这个偶极层阻止了空穴和电子的继续扩散，使 PN 结达到平衡状态。当 PN 结的 P 端(P 型半导体一边)接电源的正极，而另一端接负极时，空穴和电子都向偶极层流动，使偶极层变薄，电流很快上升。如果把电源的方向反过来接，则空穴和电子都背离偶极层流动，使偶极层变厚，同时，电流被限制在一个很小的饱和值内(称反向饱和电流)，因此，PN 结具有单向导电性。此外，PN 结的偶极层还起到一个电容的作用，它随着外加电压的变化而变化。在偶极层内部电场很强，当外加反向电压达到一定阈值时，偶极层内部会发生雪崩击穿，使电流突然增加几个数量级。利用 PN 结的这些特性在各种应用领域内制成的二极管有：整流二极管、检波二极管、变频二极管、变容二极管、开关二极管、稳压二极管(齐讷二极管)、崩越二极管(碰撞雪崩渡越二极管)和俘越二极管(俘获等离子体雪崩渡越时间二极管)等。此外，还有利用 PN 结特殊效应的隧道二极管，以及没有 PN 结的肖脱基二极管和耿氏二极管等。

晶体三极管可分两大类：第一类是双极型晶体管，它是由两个 PN 结构成的，其中一个 PN 结称为发射结，另一个称为集电结。接在发射结一端和集电结一端的两个电极分别称为发射极和集电极。两个结之间的半导体材料称为基区，接在基区上的电极称为基极。在应用时，发射结处于正向偏置，集电极处于反向偏置。通过发射结的电流使大量的少数载流子注入到基区里，这些少数载流子靠扩散迁移到集电结而形成集电极电流，只有极少量的少数载流子在基区内复合而形成基极电流。集电极电流与基极电流之比称为共发射极电流放大系数。在共发射极电路中，微小的基极电流变化可以控制很大的集电极电流变化，这就是双极型晶体管的电流放大效应。双极型晶体管可分为 NPN 型和 PNP 型两类。第二类晶体三极管是场效应晶体管，它依靠一块薄层半导体受横向电场影响而改变电阻(简称场效应)，使其具有放大信号的功能。薄层半导体的两端接两个电极称为源和漏。控制横向电场的电极称为栅，根据栅的结构，场效应晶体管可以分为三种：① 结型场效应管(用 PN 结构构成栅极)；② MOS 场效应管(用金属－氧化物－半导体构成栅极)；③ MES 场效应管(用金属与半导体接触构成栅极)。MOS 场效应管使用最为广泛，尤其在大规模集成电路的发展中，MOS 大规模集成电路具有特殊的优越性。MES 场效应管一般用在 GaAs 微波晶体管上。

在 MOS 器件的基础上，最近又发展出一种电荷耦合器件(CCD)，它以半导体表面附近存储的电荷作为信息，控制表面附近的势阱使电荷在表面附近向某一方向转移。这种器件通常可以用作延迟线和存储器等；配上光电二极管列阵，可用作摄像管。

半导体光电器件大致可分为四类：光电探测器、发光二极管、半导体激光器和光电池。

光电探测器的功能是把微弱的光信号转换成电信号，然后经过放大器将电信号放大，从而达到检测光信号的目的。光敏电阻是最早发展的一种光电探测器，它利用了半导体受光照后电阻变小的效应。此外，光电二极管、光电池都可以用作光电探测元件。十分微弱的光信号，可以用雪崩光电二极管来探测，它把一个 PN 结偏置在接近雪崩的偏压下，微弱光信号所激发的少量载流子通过接近雪崩的强场区，由于碰撞电离而数量倍增，因而得到一个较大的电信号。除了光电探测器外，还有与它类似的用半导体制成的粒子探测器。

半导体发光二极管的结构是一个 PN 结，它正向通电流时，注入的少数载流子靠复合而发光。它可以发出绿光、黄光、红光和红外线等。所用的材料有 GaP、GaAs、GaAs1-xPx、Ga1-xAlxAs、In1-xGaxAs1-yPy 等。

如果使高效率的半导体发光管的发光区处在一个光学谐振腔内，则可以得到激光输出。这种器件称为半导体激光器或注入式激光器。最早的半导体激光器所用的 PN 结是同质结，以后采用双异质结结构。双异质结激光器的优点在于它可以使注入的少数载流子被限制在很薄的一层有源区内复合发光，同时由双异质结结构组成的光导管又可以使产生的光子也被限制在这层有源区内。因此双异质结激光器有较低的阈值电流密度，可以在室温下连续工作。

当光线投射到一个 PN 结上时，由光激发的电子空穴对受到 PN 结附近的内在电场的作用而向相反方向分离，因此在 PN 结两端产生一个电动势，这就成为一个光电池。把日光转换成电能的日光电池近年来很受人们重视。最先应用的日光电池都是用硅单晶制造的，成本太高，不能大量推广使用。目前国际上都在寻找成本低的日光电池，用的材料有多晶硅和无定形硅等。

除了上述两大类半导体器件外，利用半导体的其他特性制成的器件还有热敏电阻、霍耳器件、压敏元件、气敏晶体管和表面波器件等。

2. 半导体器件命名方法

半导体器件的参数是其特性的定量描述，也是实际工作中根据要求选用器件的主要依据。各种半导体器件的参数都通过《半导体器件数据手册》查得。

查阅资料前还需了解半导体器件的命名法。半导体器件按材料的不同，分为硅材料和锗材料；按工艺结构特点，分为点接触型、面接触性、平面型、金属半导体型等。各个国家的分类方式不尽相同，掌握了半导体器件的命名特点后，便可以准确了解其部分基本参数，但也有一种采用简化标记法的，如国产的 3DD15A 标为 DD15A，日本的 2SC1942 标为 C1942。另一种是只标明数字的，如韩国的 9012、9013 等，都必须要查阅手册才知其详细参数。

(1) 我国半导体器件型号的命名方法。

半导体器件型号由五部分(场效应器件、半导体特殊器件、复合管、PIN 型管、激光器件的型号命名只有第三、四、五部分)组成。五个部分的意义见表 6-1。

第一部分：用数字表示半导体器件有效电极数目。

第二部分：用汉语拼音字母表示半导体器件的材料和极性。

第三部分：用汉语拼音字母表示半导体器件的类型。

第四部分：用数字表示序号。

第五部分：用字母表示规格号。

表 6-1　我国半导体器件型号的命名法

第一部分		第二部分		第三部分			
用数字表示有效电极数目		用汉语拼音字母表示材料和极性		用汉语拼音字母表示类型			
序号	意义	符号	意义	符号	意义	符号	意义
2	二极管	A	N 型，锗材料	P	普通管	D	低频大功率管 (f<3 MHz，P≥1 W)
		B	P 型，锗材料	V	微波管		
		C	N 型，硅材料	W	稳压管	A	高频大功率管 (f≥3 MHz，P≥1 W)
		D	P 型，硅材料	C	参量管		
				Z	整流管	T	体效应器件
3	三极管	A	PNP 型，锗材料	L	整流堆	B	雪崩管
		B	NPN 型，锗材料	S	隧道管	J	阶越恢复管
		C	PNP 型，硅材料	N	阻尼管	CS	场效应器件
		D	NPN 型，硅材料	U	光电器件	BT	半导体特殊器件
		E	化合物材料	X	低频小功率管 (f<3 MHz，P<1 W)	FH	复合管
						PIN	PIN 型管
				G	高频小功率管 (f≥3 MHz，P<1 W)	JG	激光器件

第四部分 用数字表示序号	第五部分 用字母表示规格号	例：　3　D　G　130　C 　　　　└─ 规格号 　　　└─ 序号 　　└─ 高频小功率管 　└─ NPN 硅材料 └─ 三极管
注：场效应器件、半导体特殊器件、复合管、PIN 型管和激光器件的型号命名只有三、四、五部分		规格号 序号 高频小功率管 NPN 硅材料 三极管

(2) 国产半导体集成电路型号命名法。

国标(GB3430—89)集成电路型号命名由五部分组成，各部分的含义见表6-2。

表 6-2　国产半导体集成电路型号命名法

第一部分	第二部分	第三部分	第四部分	第五部分
	器件类型	器件系列品种	工作温度范围	封装
	T：TTL 电路	TTL 电路分为	C：0～70℃⑤	F：多层陶瓷扁平封装
	H：HTL 电路	54/74×××①	G：−25～70℃	B：塑料扁平封装
	E：ECL 电路	54/74H×××②	L：−25～85℃	H：黑瓷扁平封装
	C：COS 电路	54/74L×××③	E：−40～85℃	D：多层陶瓷双列直插封装
	M：存储器	54/74S×××	R：−55～85℃	J：黑瓷双列直插封装
	μ：微型放大器	54/74LS×××④	M：−55～125℃⑥	P：塑料双列直插封装
	F：线性放大器	54/74AS×××		S：塑料单列直插封装
	W：稳压器	54/74ALS×××		T：金属圆壳封装
	D：音响电视电路	54/74F×××		K：金属菱形封装
中国制造 C	B：非线性电路	CMOS 电路为		C：陶瓷芯片载体封装
	J：接口电路	4000 系列		E：塑料芯片载体封装
	AD：A/D 转换器	54/74HC×××		G：网络针栅陈列封装
	DA：D/A 转换器	54/74HCT×××		⋮
	SC：通信专用电路	⋮		SOIC：小引线封装
	SS：敏感电路			PCC：塑料芯片载体封装
	SW：钟表电路			LCC：陶瓷芯片载体封装
	SJ：机电仪表电路			
	SF：复印机电路			
	⋮			

第一部分用字母"C"表示该集成电路为中国制造，符合国家标准。

第二部分用字母表示集成电路的类型。

第三部分用数字或数字与字母混合表示集成电路的系列和品种代号。

第四部分用字母表示电路的工作温度范围。

第五部分用字母表示集成电路的封装形式。

① 74 表示国际通用 74 系列(民用)；54 表示国际通用 54 系列(军用)；

② H 表示高速；

③ L 表示低速；

④ LS 表示低功耗；

⑤ C 表示只出现在 74 系列；

⑥ M 表示只出现在 54 系列。

例如：

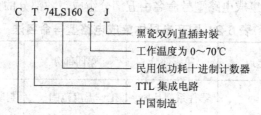

C T 74LS160 C J

- 黑瓷双列直插封装
- 工作温度为 0～70℃
- 民用低功耗十进制计数器
- TTL 集成电路
- 中国制造

(3) 美国半导体分立器件型号命名方法。

美国电子工业协会半导体分立器件命名方法见表 6-3。

第一部分：用符号表示器件用途的类型。

第二部分：用数字表示 PN 结数目。

第三部分：美国电子工业协会(EIA)注册标志。

第四部分：美国电子工业协会登记顺序号。

第五部分：用字母表示器件分级。A、B、C、D… 同一型号器件的不同级别。如：JAN2N3251A 表示 PNP 硅高频小功率开关三极管，JAN-军用品、2-三极管、N-EIA 注册标志、3251-EIA 登记顺序号、A-2N3251A 级。

表 6-3　美国半导体分立器件命名方法

第一部分		第二部分		第三部分		第四部分		第五部分	
用符号表示器件用途的类型		用数字表示 PN 结数目		注册标志		登记顺序号		用字母表示器件分级	
符号	意义	符号	意义	符号	意义	符号	意义	符号	意义
JNA 或 J	军用品	1 2 3 n	二极管 三极管 三个 P 结 n 个 PN 结	N	该器件已在美国电子工业协会(EIA)注册登记	多位数字	该器件已在美国电子工业协会(EIA)登记	A B C D ⋮	同一型号的不同级别
	非军用品								

例：

JNA 2 N 3553

- 军用品 ——
- 三极管 ——
- EIA 登记顺序号
- EIA 注册标志

(4) 日本半导体分立器件型号命名方法。

日本生产的半导体分立器件，由五至七部分组成。通常只用到前五个部分，其各部分的符号意义见表 6-4。

第一部分：用数字表示器件有效电极数目或类型。

第二部分：日本电子工业协会 JEIA 注册标志。

第三部分：用字母表示器件使用材料极性和类型。

第四部分：用数字表示在日本电子工业协会 JEIA 登记的顺序号。两位以上的整数从"11"开始，表示在日本电子工业协会 JEIA 登记的顺序号；不同公司制作的性能相同的器件可以使用同一顺序号；数字越大，越说明是近期产品。

第五部分：用字母表示同一型号的改进型产品标志。A、B、C、D、E、F表示这一器件是原型号产品的改进产品。

表6-4　日本半导体器件命名方法

第一部分		第二部分		第三部分		第四部分		第五部分	
用数字表示有效电极数目或类型		注册标志		用字母表示使用材料的极性和类型		登记的顺序号		同一型号的改进型产品标志	
符号	意义	符号	意义	符号	意义	符号	意义	符号	意义
0	光电二极管或三极管及包括上述器件的组合管二极管	S	已在日本电子工业协会(JERA)注册登记的半导体器件	A	PNP 高频晶体管	多位数字	器件已在日本电子工业协会(JERA)注册登记号性能相同，但不同厂家生产的器件可以使用同一个登记号	A	表示这一器件是原型号产品的改进型
				B	PNP 低频晶体管				
				C	NPN 高频晶体管				
1				D	NPN 低频晶体管				
2	三极管或三个电极的其他器件			F	P 控制极晶闸管				
				G	N 控制极晶闸管				
3	具有四个有效电极的器件			H	N 基极单结晶体管				
				J	P 沟道场效应管				
N	具有 n 个有效电极的器件			K	N 沟道场效应管				
				M	双向晶闸管				

例如：

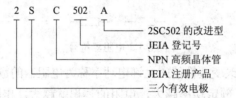

(5) 国际电子联合会半导体器件型号命名方法。

德国、法国、意大利、荷兰、比利时等欧洲国家以及匈牙利、罗马尼亚、南斯拉夫、波兰等东欧国家，大都采用国际电子联合会半导体分立器件型号命名方法。这种命名方法由四个基本部分组成，各部分的符号及意义如下：

第一部分：用字母表示器件使用的材料。A-器件使用材料的禁带宽度 Eg = 0.6~1.0eV 如锗、B-器件使用材料的 Eg = 1.0~1.3eV 如硅、C-器件使用材料的 Eg > 1.3eV 如砷化镓、D-器件使用材料的 Eg < 0.6eV 如锑化铟、E-器件使用复合材料及光电池使用的材料。

第二部分：用字母表示器件的类型及主要特征。A—检波开关混频二极管、B—变容二极管、C—低频小功率三极管、D—低频大功率三极管、E—隧道二极管、F—高频小功率三极管、G—复合器件及其他器件、H—磁敏二极管、K—开放磁路中的霍尔元件、L—高频大功率三极管、M—封闭磁路中的霍尔元件、P—光敏器件、Q—发光器件、R—小功率晶闸管、S—小功率开关管、T—大功率晶闸管、U—大功率开关管、X—倍增二极管、Y—整流二极管、Z—稳压二极管。

第三部分：用数字或字母加数字表示登记号。三位数字-代表通用半导体器件的登记序号、一个字母加二位数字-表示专用半导体器件的登记序号。

第四部分：用字母对同一类型号器件进行分级。A、B、C、D、E… 表示同一型号的器件按某一参数进行分级的标志。

除四个基本部分外，有时还加后缀，以区别特性或进一步分类。常见后缀如下：

① 稳压二极管型号的后缀。其后缀的第一部分是一个字母，表示稳定电压值的容许误差范围，字母 A、B、C、D、E 分别表示容许误差为 ±1%、±2%、±5%、±10%、±15%；其后缀第二部分是数字，表示标称稳定电压的整数数值；后缀的第三部分是字母 V，代表小数点，字母 V 之后的数字为稳压管标称稳定电压的小数值。

② 整流二极管后缀是数字，表示器件的最大反向峰值耐压值，单位是伏特。

③ 晶闸管型号的后缀也是数字，通常标出最大反向峰值耐压值和最大反向关断电压中数值较小的电压值。

如：BDX51 表示 NPN 硅低频大功率三极管，AF239S 表示 PNP 锗高频小功率三极管。

6.2　电子元器件基本知识

6.2.1　电阻器

常用电阻器分为固定电阻器和可变电阻器两大类，电阻器符号如图 6-1 所示。电阻器按制作材料分为碳膜电阻、金属膜电阻和线绕电阻等。

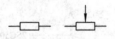

图 6-1　电阻器符号

长期连续负荷而又不改变其性能的允许电功率称为电阻器的额定功率，常见的有 1/8 W、1/4 W、1/2 W、1 W 等。额定功率越大，电阻的体积就越大。电阻的实际值与标称值之差和实际值的百分比是电阻的误差。

(1) 电阻的四色环标注法。电阻的标称值现多采用色标法。四色环标注法的第一色环和第二色环，分别表示阻值的第一和第二位有效数字；第三色环表示有效数值后乘 10 的 n 次方，从而构成最小阻值以 Ω 为单位的读数；第四道色环表示实际阻值与标称值间的最大允许误差等级。电阻值的色环标注参数见表 6-5。

表 6-5　电阻值的色环标注参数

色　别	棕	红	橙	黄	绿	蓝	紫	灰	白	黑	金	银	无色
阻值与误差	1	2	3	4	5	6	7	8	9	0	±5%	±10%	±20%

例如：四色环电阻示例如图 6-2 所示，电阻为 10 Ω，误差为 ±5%。

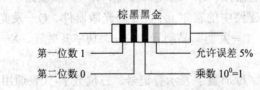

棕黑黑金

第一位数 1 —————　　　————— 允许误差 5%

第二位数 0 —————　　　————— 乘数 $10^0=1$

图 6-2　四色环电阻示例

(2) 五色环电阻标注法。五色环电阻的前三环为有效数字，第四环乘10的 n 次方，第五环为误差值。五色环电阻的标定见表6-6。

表6-6 五色环电阻的标定

色别	棕	红	橙	黄	绿	蓝	紫	灰	白	黑	金	银
数值	1	2	3	4	5	6	7	8	9	0	—	—
乘数	10^1	10^2	10^3	10^4	10^5	10^6	10^7	10^8	10^9	10^0	10^{-1}	10^{-2}
误差(%)	±1	±2	—	—	±0.5	±0.2	±0.1	—	—	—	±5	±10

例如：五色环电阻示例如图6-3所示，电阻值为820Ω，允许误差为 ±1％。

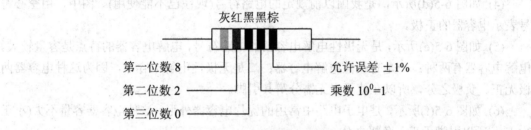

图6-3 五色环电阻示例

(3) 可变电阻器也叫做微调电阻器。它是一种阻值可以连续变化的电阻器，其优点是可以在电路中方便的调整阻值，以获得最佳的电路特性。可变电阻器电路符号及外形如图6-4所示。

如图 6-4(a)所示为可变电阻器的电路符号，它的箭头表示动片，动片可以在碳膜体上滑动，以改变电阻大小。如图6-4(b)所示为可变电阻器的外形。

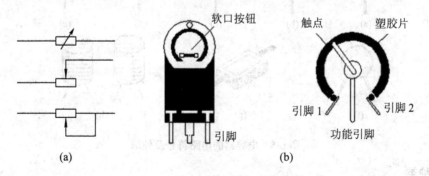

图6-4 可变电阻器电路符号及外形

(a) 电路符号；(b) 外形

6.2.2 电容器

电容器是电子电路中十分常用的元件。简单地讲，电容器是储存电荷的容器，这是它与电阻器的不同之处。电容器对电能无损耗，而电阻器则是通过自身消耗电能来分配电能的。

1. 电路符号及外形

(1) 如图 6-5(a)所示，是常用的一般电容器的电路符号，这种电容器的两根引脚没有正、负极之分，在电子电路中这种电容的容量较小，一般小于 1 μF。

(2) 如图 6-5(b)所示，是我国目前国标规定的有极性电容器的电路符号。在电子电路中，容量大于或等于 1 μF 的电容器采用电解电容，这种电容器的两根引脚有正、负极之分，图中用"+"号表示正极引脚。在使用中，这种电容器要求正极引脚连接电路中的高电位，负极连接低电位。

(3) 如图 6-5(c)所示，是国外用来表示有极性电容器(电解电容)的电路符号，进口家用电器电路图采用这种电路符号，它用"+"号表示正极性的引脚。

(4) 如图 6-5(d)所示，是我国以前规定的电路符号(现在已不能使用)。图中，用空心符号表示电容器的正极。

(5) 如图 6-5(e)所示，是无极性电解电容器的电路符号，电解电容器的特点是容量较大。电解电容器有两种：一是有极性电解电容器；二是无极性电解电容器，因为这种电容器两极无正、负极之分，所以在使用中无需分辨其引脚。

(6) 如图 6-5(f)所示，是电子电路中常用的瓷片电容器外形。这种电容器容量不大(小于 1 μF)，所以引脚无正、负极之分。

(7) 如图 6-5(g)所示，是云母电容器，这种电容器也无正、负极之分，容量也较小。

(8) 如图 6-5(h)所示，是有极性电解电容器外形，过去生产的电容器用"+"号标注在外壳上，以表示此根引脚为正极引脚。另一种电解电容(外壳为绿色)则将负极性引脚标出。

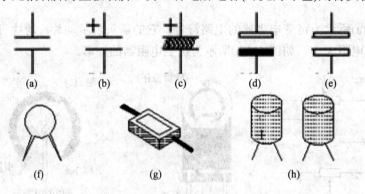

图 6-5　电容器的电路符号及外形

2. 种类

电容器的分类方法及种类有很多，通常按照使用和制造电容器的材料来划分。下面介绍几种常用的电容器。

(1) 低频电容器：低频电容器主要用于低频电路中，如电解电容器等。这类电容器由于高频损耗大(对高频信号的能量损耗)，因此不可用在高频电路中。

(2) 高频电容器：主要用于高频电路中，如高频陶瓷电容器。这类电容器对高频信号损耗小。

(3) 云母电容器：云母电容器属于无机固体介质电容器，因为它的成本较高，所以目前应用不是很多。

(4) 玻璃膜玻璃釉电容器：这种电容器也是属于无机固体介质电容器的一种，应用较广泛。

(5) 陶瓷电容器：陶瓷电容器有高频和低频陶瓷电容器两种，也是固体介质电容器中的一种，目前应用广泛。

(6) 电解电容器：电解电容器属于电解介质电容器，它的分类也很多，例如：极性与无极性电解电容器；铝，钽、铌电解电容器。目前，大量使用的是有极性铝电解电容器。

除上述电容器外，还有许多其他类型的电容器，例如：可变电容器、微调电容器等。

3. 标注方法

电容器标称容量的标注方法主要有直标法、字母数字混标法、三位数表示法和四位数表示法。

(1) 直标法：在电容器身上直接标出标称容量和允许偏差，如 6800pF±10%。直标法具有识别方便的优点，目前这种标注方法被广泛应用。

(2) 字母数字混标法：电容器的字母数字混标法基本上和电阻器的字母数字混标一样，采用单位字头字母来标称容量。

(3) 三位数表示法：电容器的三位数表示法是用三个整数来表示标称容量，再用一个字母表示允许偏差。例如，512 M。

在三位数中，前两位数是表示有效值，第三位数为倍乘，即 10 的 n 次方。对于非电解电容器，其单位为 pF，而对电解电容而言单位为 μF。

电容器三位数表示法举例如下：

100 表示其容量为 $10 \times 10^0 = 10$ pF；223 表示其容量为 $22 \times 10^3 = 22\,000$ pF $= 0.022$ μF；电解电容 100 表示其容量为 $10 \times 10^0 = 10$ μF；电解电容 010 表示其容量为 $01 \times 10^0 = 1$ μF。在三位数表示法中用大写英文字母表示允许偏差。

(4) 四位数表示法：电容器的四位数表示法用四位整数或小数来表示标称容量。当用整数表示时单位是 pF；用小数表示时单位是 μF。例如：2200 表示其容量为 2200 pF；0.056 表示其容量为 0.056 μF。

有时用小于四位数来表示标称容量，例如：3 为 3P。

6.2.3　电感器

电感器就是线圈，它在电子电路中的应用虽然比较多，但远远少于电容器和电阻器的应用量。

1. 电路符号和外形

电感器的电路符号和外形如图 6-6 所示。

(1) 图 6-6(a)所示为电感器，它表示没有铁芯或磁芯，也可以用来表示扼流圈。

(2) 图 6-6(b)所示为有铁芯或磁芯的电感器。(注：过去曾规定磁芯另用虚粗线表示，现在规定磁芯和铁芯均用实线表示。)

(3) 图 6-6(c)所示为可变电感器，它的磁芯位置可以调节，从而可改变电感量的大小。

(4) 图 6-6(d)所示为有一个抽头的电感器，若有两个抽头，则应在图中标出两个抽头。

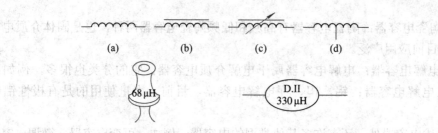

图 6-6 电感器的电路符号及外形

两种电感器的外形如图 6-6 所示。

2. 线圈的种类

电感器(线圈)的种类较多，主要有以下几种：

(1) 固定电感器：这种电感器突破了传统电感器的外形，它将线圈用环氧树脂封装起来，做成一个固体状元件，使用方便。

(2) 单层线圈：这种线圈电感量小，通常用在高频电路中，要求它的骨架具有良好的高频特性，介质损耗小。

(3) 多层线圈：多层线圈可以增大电感量，单线圈的分布电容也随之增大。

(4) 蜂房线圈：蜂房线圈在绕制时，导线不断以一定的偏转角在骨架上偏转绕向，这样可大大减小线圈的分布电容。

(5) 带磁芯的线圈：将线圈绕在磁芯上，电感量和品质因数都能提高。当采用高频特性好的磁芯时，可改变线圈的高频特性。例如，收音机中的磁棒天线便是采用这种线圈。

(6) 可变电感线圈：可变电感线圈是将磁芯装在骨架的螺纹孔内，并使磁芯位置可调节。调节磁芯位置可微调线圈的电感量。可变电感线圈主要用在一些 *LC* 谐振回路中，改变电感量便可改变谐振频率。

3. 标注方法

电感器的电感量、允许偏差可采用直标法和色标法。

在采用直标法时，直接将电感量标在电感器外壳上，并同时标注允许偏差。

电感器也有采用色标法，与电阻的色环表示法相同，单位是 μH，主要用在固定电感器中。

6.3 用万用表测量常用电子元器件

6.3.1 用万用表测量电阻器

电阻器在电路中的作用是稳定和调节电路的电压和电流，它能构成分压器和分流器，改变电路的时间常数，以及作为匹配元件或消耗电能的负载，是既能导电，又能对电流起限制作用的元件。

电阻器的文字符号常用 R 表示，基本单位为 Ω(欧姆)，常用单位有 Ω(欧)、kΩ(千欧)和 MΩ(兆欧)。

电阻器的种类很多，有固定电阻器、可变电阻器(电位器)等。用万用表测试电阻器，是安装与维修工作中十分重要的一环，正确的测试方法，是保证测试值准确的关键。

阻值不变的电阻器，称为固定电阻器，固定电阻器简称电阻。其种类有普通型(线绕、碳膜、金属膜、金属氧化膜、玻璃釉膜、有机实芯和无机实芯等)、精密型(线绕、有机实芯、无机实芯)、功率型、高压型、高阻型和高频型等 6 类。

用万用表测试固定电阻器，即是对独立的电阻元件进行测试，方法如图 6-7 所示。

万用表的电阻量程分为几挡，其指针所指数值与量程数相乘即为被测电阻器的实测阻值。例如，把万用表的量程开关拨至及 R×1 kΩ 挡(也可记作 ×1 k 挡)时，把红、黑表笔如图 6-7(a)所示进行短接，调整调零旋钮使指针指零，然后如图 6-7(b)所示，将表笔并联在被测电阻器的两个引脚上，此时，若万用表指针指示在"7"上，则该电阻器的阻值为 $7 \times 1\ \text{kΩ} = 7\ \text{kΩ}$。

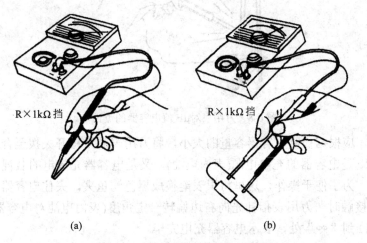

R×1kΩ 挡　　　　　　　　　R×1kΩ 挡

(a)　　　　　　　　　　　　　(b)

图 6-7　用万用表测试固定电阻器

在测试中，若万用表指针停在无穷大处静止不动，则有可能是所选量程太小，此时应把万用表的量程开关拨到更大的量程上，并重新调零后再进行测试。

若测试时万用表指针摆动幅度太小，则可继续加大量程，直到指针指示在表盘刻度的中间位置，即在全刻度起始的 20%～80% 弧度范围内时，测试结果较为准确，此时读出阻值，测试即告结束。

若测试过程中发现，在最高量程时万用表指针仍停留在无穷大处不摆动，则表明被测电阻器内部开路，不可再用。反之，在万用表的最低量程时，指针指在零处，则表明被测电阻器内部短路，也是不能使用的。

在测试时还须留意拿表笔的双手，手指切不可同时碰触被测电器的两个引脚，否则会影响测试精度。

6.3.2 用万用表测量电容器

电容器是能储存正、负电荷的容器，它由两个相互靠近的平板导体，中间夹着一层不导电的绝缘介质组成。或者说，凡是绝缘物质隔开的两个导体的组合，便构成了一个电容器。因此，从广义角度来看，在很多地方都存在着电容器。

电容器用字母 C 表示，其基本单位为 F(法拉)，常用单位为 μF(微法)和 pF(皮法)。

1．测量容值为微法级的电容器

本例容值为微法级的电容器，包括容量为 0.022～3300 μF 的电容器，万用表对 μF 值电容器的测试如图 6-8 所示。

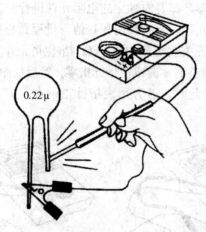

图 6-8 万用表对 μF 值电容器的测试

在测试前，应根据被测电容器容量的大小，将万用表的量程开关拨至合适的挡位。由于此时万用表既是电容器的充电电源(表内电池)，又是电容器充放电的监视器，所以操作起来极为方便。为了便于操作，这里将黑表笔换成黑色鳄鱼夹，夹住电容器的一脚，其另一脚与红表笔接触时，万用表指针先向右边偏转一定角度(表内电池对电容器充电)，然后很快向左边返回到"∞"处，表示电容器充电完毕。

对于小容量电容器而言，因为其容量小，所以充电流也很小，甚至还未观察到万用表指针的摆动便回复到"∞"处。这时，可将鳄鱼夹与表笔交换一下，再接触电容器引脚时，指针仍向右摆动一下后复原，但这一次向右摆动的幅度应比前一次大。这是因为电容器上已经充电，交换表笔后便改变了充电电源的极性，电容器要先放电后再进行充电，所以万用表指针偏转角度较前次大。如果测试的是大容量电解电容器，在交换表笔进行再次测量之前，须把电解电容器的两个引脚短接一下，放掉前一次测试中被充上的电荷，以避免因放电电流太大而致使万用表指针打弯。

2．测量电容器性能

对于小容量电容器而言，其性能可从 5 个方面来考察。

(1) 测试时万用表指针摆动一下后，很快回"∞"处，说明这只电容器性能正常，如图 6-9(a)所示。

(2) 万用表指针摆动一下后不回到"∞"处，而是指在某一阻值上，则说明这只电容器漏电，这个阻值就是该电容器的漏电电阻的阻值，这样的电容器容量下降。正常的小容量电容器漏电电阻的阻值很大，约为几十至几百 MΩ。若漏电且电阻的阻值小于几 MΩ 时，则该电容器就不能再使用了。

(3) 接好万用表的表笔，但指针不摆动，仍停留在"∞"处，则说明此电容器内部开路。但容量小于 5000 pF 的小容量电容器则是由于充放电不明显所致，不能视为内部开路。

(4) 万用表指针摆动到刻度中间某一位置停止，交换表笔再测时指针仍指在这一位置，如同在测试一只电阻器，说明该电容器已经失效，不可再用，如图 6-9(b)所示。

(5) 万用表指针摆动到"0"处不返回，如图 6-9(c)所示，则说明该电容器已击穿短路，不能再用。

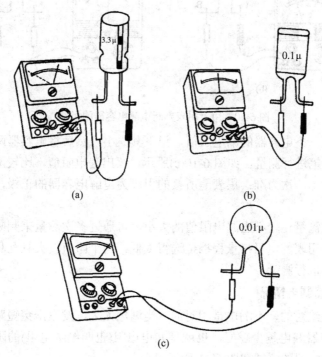

图 6-9　万用表对小容量电容器性能的测试

3. 判断电解电容器的极性

电解电容器的内部结构如图 6-10(a)所示，它的介质是一层极薄的附着在金属极板上的氧化膜。氧化膜如同半导体二极管一样，具有单向导电性，因此在将电解电容器接入电路使用时，应将它的正极引线接高电位，负极引线接低电位。这相当于在电容器上施加一个反向电压，使其漏电电流减小，而漏电电阻增大。反之，若将电解电容器的正极引线接低电位，负极引线接高电位，则会使它的漏电电流增大，漏电电阻减小，这样会导致电解电容器在使用中过热，从而击穿漏液，甚至发生爆炸。

为了防止在使用中接错极性，通常在电解电容器的引脚旁标明正极(+)或负极(−)。但有时"+"、"−"极性标志模糊不清时，可根据电解电容器正向漏电电阻大于反向漏电电阻的特点，用万用表的电阻挡进行判断，方法如图 6-10(b)和图 6-10(c)所示。

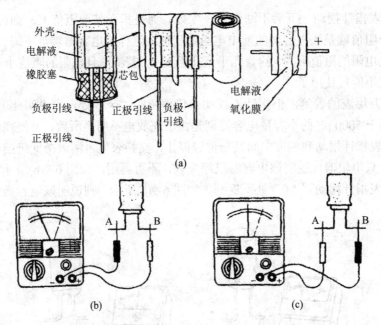

图 6-10 用万用表判断电解电容器的极性

首先，任意测一下电容器的漏电阻值，记下其大小，然后将电容器两个引脚相碰短路放电后，再交换表笔进行测量，如图 6-10(c)所示，读出漏电阻值，比较两次测出的漏电阻值，以阻值较大的那一次为准；黑表笔所接的引脚为电解电容器的正极，红表笔所接的则为其负极。

如果通过两次测量比较不出漏电阻值的大小，可通过多次测量来判断被测电容器的极性。但是，如果万用表的电阻挡量程挡位选得太低，两个阻值较大且互相接近时，须更换到量程较大的挡位进行测量。

4．测试电容器漏电情况

电容器漏电是绝对的，不漏电是相对的。当漏电太大，发生击穿短路时，电容器就不能再用，所以电容器漏电越少越好，也就是漏电电阻(也叫绝缘电阻)的阻值越大越好。万用表对电容器漏电情况的测试如图 6-11 所示。

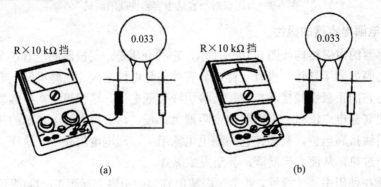

图 6-11 万用表对电容器漏电情况的测试

(a) 漏电较小时；(b) 漏电较大时

这种测试要选用万用表的 R×1 kΩ 挡或 R×10 kΩ 挡。测前必须调零。若其指针是先向右摆动，尔后逐步返回到"∞"处，则说明这只电容器漏电电阻的阻值很小，如图 6-11(a) 所示；若指针回不到"∞"处，而是指示在表盘中的某一电阻值处，则说明电容器漏电较大，这个阻值为这只电容器漏电电阻的阻值，如图 6-11(b)所示。

一般来说，电容器漏电电阻的阻值如果小于几兆欧时，则可认为该电容器漏电严重，不能使用。

如果被测电容器的容量在 5000 pF 以上，万用表置于 R×10 kΩ 挡测试时，指针不摆动，说明这只电容器内部已开路。若被测电容器是电解电容器，说明其内部的电解液(又叫电解质)已干涸，也是不能使用的。

5. 巧判瓷片电容器

对于容量较小(几十皮法~一千皮法)的瓷片电容器、云母电容器，一般要用专用仪器进行测量。在没有专用仪器的情况下，可采用如图 6-12 所示方法来判断它们的好坏。

首先判断瓷片电容器是否短路，方法是用万用表的 R×1 kΩ 挡测出其直流电阻值。若电容器两个引脚之间的阻值为无穷大(即 ∞)，或在几百千欧姆以上，则说明该电容器内部未短路。倘若阻值很小(几欧姆~几千欧姆)，则说明该电容器的内部已短路，不能使用了。

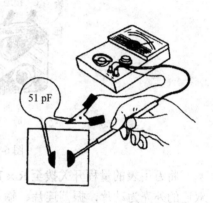

图 6-12　万用表巧判瓷片电容器

对于内部未短路的瓷片、云母等小容量电容器，可采用如图 6-12 所示方法，将它与万用表串联(将量程开关拨到交流电压 250 V 挡或交流电压 500 V 挡)，然后插入市电插座。正常时，万用表指针有指示：容量大，电压值高；容量小，则电压值低。

判断小容量电容器的好坏还有一种方法，即找一枝性能正常的试电笔，插入 220 V 交流电源插座的相线插孔内。手拿瓷片电容器的一个引脚，将它的另一引脚去接触试电笔的尾部(即正常测试时握手部位)，若试电笔中的氖管发亮，则说明该电容器内部没有断路，而且性能良好；若氖管不亮，则被测小容量电容器内部已断路。用此法进行测试时，拿电容器引脚的手不要戴手套，否则氖管是不会发亮的。

6. 巧判差容式双连

差容式双连，俗称差容双连，它是一种适用于超外差收音机使用的双连可变电容器。它在任何旋转角度，两连的容量始终有一定的差额。

双连分为 3 种。第 1 种是空气差容双连，型号有 CB-32X-250，其外形如图 6-13(a)所示；第 2 种是固体介质差容双连，型号有 CBM-2X-60，外形如图 6-13(b)所示；第 3 种仍是固体介质差容双连，型号有 CBC-2C-60，外形如图 6-13(c)所示。在收音机电路中，通常将差容双连中最大容量的一连接入输入回路，而将最小容量的一连接入本振回路。

差容双连的电容量较小(几皮法~约二百多皮法或约三百多皮法)，因此很难用万用表来测试容值。本例介绍的方法主要是判断双连的动片与定片之间有无短路以及引出片是否接触良好，如图 6-13(a)所示。

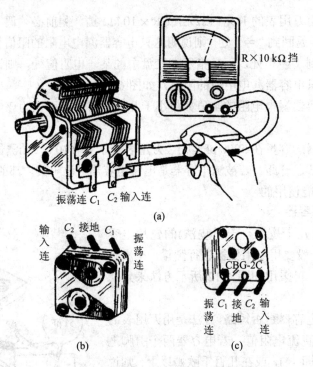

振荡连 C_1　C_2 输入连
(a)

输入连　C_2 接地　C_1　振荡连
(b)

CBG-2C
振荡连 C_1　接地　C_2　输入连
(c)

图 6-13　万用表巧判差容式双连

将万用表的量程开关拨至 R × 10 kΩ 挡，两表笔分别与电容器的定片和动片相连(空气双连的外壳为动片，振荡连片、输入连片为静片；固体介质双连的接地片为动片，振荡连片、输入连片为静片)，看万用表指针是否摆动。如无摆动，再来回旋转转轴，看指针是否仍停在"∞"处不动。若指针静止不动，则表明双连是好的。若指针偏向"0"或偏向中间某一阻值上，则说明被测电容连已有碰片短路或已受潮(产生阻值)，应及时进行修复或代换。

此外，还需测出动片、定片与各自的引出焊片之间的阻值。此时将万用表的量程开关拨至 R × 1 Ω 挡，看是否松动导致接触不良。正常时接触电阻应近似为零，如果万用表指针有跳动或抖动现象，应及时修理。

6.3.3　用万用表测试电感器

电感器俗称电感线圈，是指用漆包线绕在绝缘管或铁芯、磁芯上的一种元件，被称作电工学三大件(电阻器、电容器、电感器)之一，是组成电路的基本元件。

电感器在有直流电通过时，其周围会产生磁场；当有交流电通过它时，不仅会产生磁场，而且线圈还具有感抗(X_L)的性质，如同电阻器一样对交变电流有阻碍作用。

电感器的主要参数有电感量、品质因数、标称电流、分布电容等。按频率范围可将电感器分为高频电感器、中频电感器和低频阻流电感器等。

测量电感器的参数需要用专用仪器(如电感电容电桥、Q 表等)，在不具备专用仪器的情况下，可借助于万用表进行测试，这样也能获得一些可靠的参数，并作出正确的判断。

　　在家用电器的维修中，如果怀疑某个电感器有问题，通常是用简单的测试方法，万用表对电感器的测试，如图 6-14 所示。

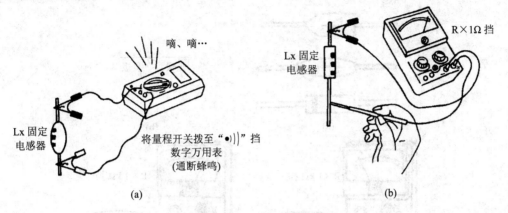

嘀、嘀…

Lx 固定
电感器

将量程开关拨至"●))|"挡
数字万用表
(通断蜂鸣)

(a)

R×1Ω 挡

Lx 固定
电感器

(b)

图 6-14　万用表对电感器的测试

　　图 6-14(a)所示为通断测试，可通过数字万用表来进行。首先要将数字万用表的量程开关拨至"通断蜂鸣"符号处用红、黑表笔接触电感器两端，若阻值较小，则表内蜂鸣器会鸣叫，表示该电感器可以正常使用。

　　图 6-14(b)所示为用普通万用表来测试电感器的方法。当怀疑电感器在印制电路板上开路或短路时，在停电的状态下，可用万用表的 $R \times 1\Omega$ 挡，测试电感器 Lx 两端的阻值。一般高频电感器的直流内阻在零点几欧姆到几欧姆之间；低频电感器的内阻在几百欧姆至几千欧姆之间；中频电感器的内阻在几欧姆到几十欧姆之间。测试时要注意，有的电感器圈数少或线径粗，直流电阻很小，即使用 $R \times 1\Omega$ 挡进行测试，阻值也可能为零，这属于正常现象(可用数字万用表测量)，如果阻值很大或为无穷大时，表明该电感器已经开路。

6.3.4　用万用表测试晶体二极管

　　晶体二极管亦叫半导体二极管，简称二极管。它有两个电极，即正极和负极，具有单向导电特性，即正向运用时导通，反向运用时截止。晶体二极管的种类较多，按材料的不同，可分为锗二极管、硅二极管、砷化镓二极管等；按结构的不同，可分为点接触型二极管、面接触型二极管等，按用途的不同，可分为检波二极管、整流二极管、稳压二极管等。

1．晶体二极管的检测

　　整流二极管、检波二极管、混频开关、阻尼二极管、开关二极管等，均属普通二极管，万用表对晶体二极管的检测如图 6-15 所示。

　　普通晶体二极管简称二极管。其外形如图 6-15(a)所示，电路图形符号如图 6-15(b)所示，其文字符号常用 VD 表示。

　　图 6-15(c)所示为二极管的测试方法。根据正常的二极管正向电阻值较小，反向电阻值较大的特征，用万用表的 $R \times 1k\Omega$ 挡来判断被测二极管的好坏。

　　测试二极管的正向电阻值时，用万用表的红表笔接二极管的负极，黑表笔接二极管的正极(注：在万用表内部，黑表笔与表内电池正极相连，电池负极通表头与红表笔相连)，此时二极管的电阻值较小，锗二极管为 1 kΩ 左右，硅二极管为 4～8 kΩ 左右。

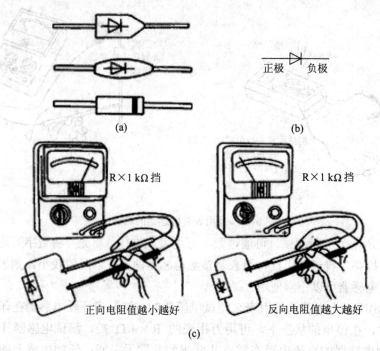

正极　　负极

R×1 kΩ 挡　　　　　　　　R×1 kΩ 挡

正向电阻值越小越好　　　　　反向电阻值越大越好

(c)

图 6-15　万用表对晶体二极管的测试

二极管的反向电阻的测试方法，是将万用表的量程开关拨至 R×1 kΩ 挡，红表笔接二极管正极，黑表笔接二极管负极。此时，好的锗二极管的反向电阻在 100 kΩ 以上，硅二极管的反向电阻为无穷大。

二极管的正、反向电阻值相差越大越好，即正向电阻值要小，反向电阻值要大。若是正、反向电阻值都是无穷大，则说明二极管内部断线开路或烧断；若二极管正、反向电阻均为零，则表明两个电极已短路(PN 结击穿)；若测得的正、反向电阻很接近，则表明二极管失去单向导电特性(又叫失效)，是不能使用的。

2．判断晶体二极管的正负极

二极管的反向电阻值远大于其正向电阻值，据此则可判断出它的正极和负极，测试方法如图 6-16 所示。

将万用表的量程开关拨至 R×1 kΩ 挡，两枝表笔分别接在二极管的两端，依次测出二极管的正向电阻值和反向电阻值。若测得电阻值为几百欧姆至几千欧姆，说明这是正向电阻，这时万用表的黑表笔接的是二极管的正极，红表笔接的是二极管的负极。

值得一提的是，二极管是非线性元件，其正向电压与正向电流不成正比。若是将万用表的量程选择在 R×100 Ω 挡，或 R×10 Ω、R×1 Ω 挡，则通过二极管的正向电流依次增大，正向电阻值也逐渐减小，但二者并不成反比关系。因此，万用表选择的量程挡位不同，测出的电阻值也就不一样。

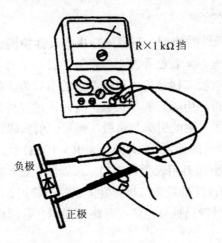

图 6-16　万用表对晶体二极管正负极的判断

3．发光二极管的检测

(1) 发光二极管极性的检测。可用直观法检测出发光二极管的正、负极，方法如下：

将发光二极管放在光线较明亮的地方，观察发光二极管的内部，接触二极管内部金属片较大的引脚即为负极，接触二极管内部金属片较小的引脚即为正极。

(2) 发光二极管性能的检测。发光二极管性能的检测，可用下面的三种方法：

方法一：用万用表 R×1 kΩ 挡测量发光二极管的正、反向电阻值，正、反向电阻值均应趋于无穷大。再改用万用表 R×10 kΩ 挡测量发光二极管的正、反向电阻值，此正向电阻值(即万用表黑表笔接发光二极管的正极，红表笔接发光二极管的负极)约为 10～20 kΩ，灵敏度较高的发光二极管会同时发出微光。反向电阻值(即万用表黑表笔接发光二极管的负极，红表笔接发光二极管的正极)约为 250 kΩ 以上，说明该发光二极管完好无损，否则，说明该发光二极管已损坏。

方法二：找一只 220 μF/25 V 的电解电容器，选用万用表 R×10 kΩ 挡，黑表笔接电容器的正极，红表笔接电容器的负极，对电容器进行充电。然后将该电容器正极接发光二极管的正极，负极接发光二极管的负极(相当于用该电容器做电源向发光二极管放电)。此时，如果发光二极管发出很强的闪光，说明该发光二极管完好无损，否则说明该发光二极管已损坏。

方法三：选用表 R×10 Ω 挡或 R×100 Ω 挡，找一节 1.5 V 的干电池，将万用表黑表笔接电池的负极，红表笔接发光二极管的负极。再将 1.5 V 干电池的正极与发光二极管的正极相连，即将它们三个串联起来，如图 6-17 所示。若发光二极管正常发光，则说明该发光二极管完好无损，否则，说明该发光二极管已损坏。

图 6-17　发光二极管检测电路

4. 红外发光二极管的检测

(1) 红外发光二极管极性的检测。与发光二极管极性检测一样，用直观法将红外发光二极管放在光线较明亮的地方，看红外发光二极管的管心下部，有一个浅盘，引脚接触管内电极较宽大的为负极，接触二极管内电极较窄小的引脚为正极。或者通过引脚的长短来判别，一般引脚长的是正极，引脚短的是负极。有时通过红外发光二极管的形状也能判别出来，一般靠近管身小平面一侧的引脚是负极，而另一引脚即为正极。

(2) 红外发光二极管性能的检测。选择万用表 $R \times 10 \text{ k}\Omega$ 挡，测量红外发光二极管的正、反向电阻值。若正向电阻值(即万用表黑表笔接二极管的正极)约为 $15\sim40 \text{ k}\Omega$，而反向电阻值大于 $500 \text{ k}\Omega$ 时，则说明该红外发光二极管性能良好。若正、反向电阻均为 0 或趋于无穷大，则说明该红外发光二极管已被被击穿或开路已损坏。若反向电阻值比 $500 \text{ k}\Omega$ 小许多，说明该管已漏电损坏。

5. 红外光敏二极管的检测

选择万用表 $R \times 1 \text{ k}\Omega$ 挡，测量红外光敏二极管的正、反向电阻值。若正向电阻值(即万用表黑表笔接二极管的正极)约为 $3\sim10 \text{ k}\Omega$，则反向电阻值应在 $500 \text{ k}\Omega$ 以上。在测反向电阻的同时，用家用电器(如电视机、录像机、VCD 等)的遥控器对着该二极管的接收窗口，按一下任一键，此时该红外光敏二极管反向电阻值从 $500 \text{ k}\Omega$ 迅速减小到 $50\sim100 \text{ k}\Omega$ 之间(阻值下降的越大，该管的灵敏度越高)，说明该管性能良好。

若正、反向电阻值均为 0 或趋于无穷大，则说明该红外光敏二极管已被击穿或开路已损坏。

6.3.5　用万用表测试晶体三极管

1. 晶体三极管的测试方法

常见晶体三极管的外形如图 6-18(a)所示，晶体三极管的电路图形符号如图 6-18(b)、6-18(c)所示，其文字符号用 VT 表示。

用万用表测试晶体三极管如图 6-18(d)~(i)所示。万用表的量程开关均拨至 $R \times 1 \text{ k}\Omega$ 挡(或 $R \times 100 \text{ }\Omega$ 挡)。

在不知晶体管极型的情况下，将万用表的红笔任意与其一个引脚相碰，黑表笔与第 2 只引脚相碰，若测得的阻值较小(如图 6-18(d)所示)，交换表笔之后测得这两个引脚间阻值都很大(如图 6-18(e)所示)，则说明此晶体三极管中的一个 PN 结是好的。反之，若先测得阻值很大，交换表笔重新测试后阻值较小，也说明此晶体三极管中的一个 PN 结是好的。但是，当两次测得阻值均很大时会有两种情况：一是被测 PN 结可能已开始损坏；二是可能测的是两个 PN 结(e 结或 c 结)，如图 6-18(f)、6-18(g)所示。这是因为，正常晶体管的集电结与发射结之间的正、反向电阻值都很大，如遇这种情况，应及时将其中一枝表笔与晶体管的第 3 引脚相碰，再重复上述过程，即可准确判断。

测试晶体三极管第 2 个 PN 结的方法如图 6-18(h)、图 6-18(i)所示。在测试好第一个 PN 结后，任意固定一枝表笔(如红笔)，如图 6-18(h)所示，用黑表笔分别碰另外两极，测得阻值较小，再交换表笔(见图 6-18(i))，测得阻值很大，就说明此晶体三极管的第 2 个 PN 结也是好的。测得两个 PN 结的正、反向电阻值相差越大，说明此晶体三极管的性能越好。

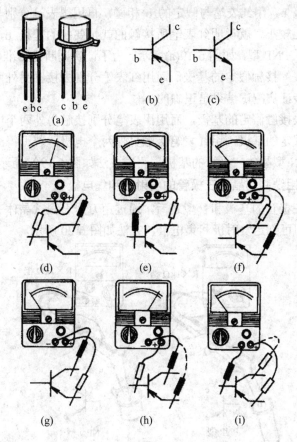

图 6-18　万用表测试晶体三极管的技巧

测试 NPN 型晶体三极管的方法与测试 PNP 型晶体三极管的方法相同。

2．判别晶体三极管的基极和管型

确定晶体三极管的好坏之后，则可按照图 6-19 所示来判断晶体三极管的基极，以及它是 PNP 型还是 NPN 型。

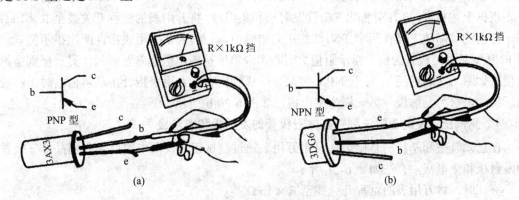

图 6-19　万用表对晶体三极管基极和管型的判别

　　将万用表的量程开关拨至 R×1 kΩ(或 R×100 Ω 挡，在不知管脚功能的情况下，首先假定一只管脚为基极 b，用红表笔与假定的 b 相碰，再用黑表笔分别与另外的两脚相碰，如果测得的阻值都比较小，就说明红表笔所接触的就是要找的基极 b，同时也说明这只晶体三极管的类型属于 PNP 型，如图 6-19(a)所示。为了证实判断是否准确，可以交换表笔再测试一下，即用黑表笔接触假定的基极，而用红表笔分别去接触另外两极，如果测得的阻值都很大，就进一步证实测试结果是正确的。

　　如果用红表笔去接触假定的基极，而用黑表笔分别接触另外两个电极时阻值都很大，再换用黑表笔接触假定的基极，用红表笔接触另外两个电极，若测得的阻值都很小，则说明假定的基极是 NPN 型晶体三极管的基极，测试方法如图 6-19(b)所示。

3. 测试正向电阻法判别晶体三极管的发射极和集电极

　　在确定了晶体三极管的基极和管型之后，通过用万用表测试晶体三极管的发射结、集电结正向电阻值，即可判定发射极和集电极，方法如图 6-20 所示。

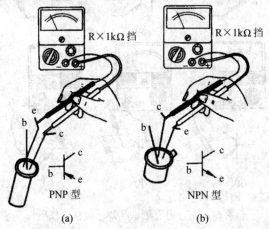

图 6-20　测试正向电阻法判别晶体三极管的发射极和集电极

　　我们知道，无论是 PNP 型晶体三极管还是 NPN 型晶体三极管，集电区与基区之间的 PN 结结面，都比发射结结面做得大，因此，发射结、集电结的正向电阻值略有差别，即发射结的正向电阻值略比集电结的正向电阻值大。

　　根据上述特征，可判别晶体三极管发射极和集电极。将万用表的量程开关拨至 R×1 kΩ 挡，分别测试晶体三极管两个 PN 结的正向电阻值，仔细观察万用表指针两次指示位置，以 PNP 型晶体三极管为例，指示阻值大时，黑表笔所接的电极就是发射极，另一极则是集电极，如图 6-20(a)所示；对于 NPN 型晶体三极管而言，万用表指针指示阻值大时，红表笔所接的电极为发射极，另一极为集电极，如图 6-20(b)所示。

4. 测试正、反向电阻法判别晶体三极管的发射极和集电极

　　在已知管型和基极的基础上，可用万用表通过测试正、反向电阻值来判别晶体三极管的发射极和集电极，方法如图 6-21 所示。

　　测试时，将万用表的量程开关拨至 R×1 kΩ 挡。

　　(1) 判别 PNP 型晶体三极管 c、e 极的方法如图 6-21(a)所示。用两枝表笔分别去碰未确定的两个电极，测出一个阻值，交换表笔后再去测出另一个阻值，比较两次测试结果，以阻值小的为准，黑表笔接触那只引脚是发射极 e，另一引脚则为集电极 c。

(2) 判别 NPN 型晶体三极管 c、e 极的方法如图 6-21(b)所示，也是以阻值较小的那次为准，此时红表笔接触那只脚是发射极 e，另一脚则是集电极 c。

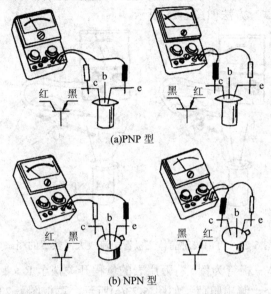

(a)PNP 型

(b) NPN 型

图 6-21　测试正、反向电阻法判别晶体三极管的发射极和集电极

5. 加基极偏置电流用万用表判别晶体三极管的发射极和集电极

加基极偏置电流用万用表判别晶体管的发射极和集电极，方法如图 6-22 所示，判别结果较为准确。对 NPN 型晶体三极管而言，用红、黑表笔分接触除基极以外的两极，湿手指接触基极和黑表笔，再将红、黑表笔对调重测一次。比较两次万用表指针偏转角度的大小，以偏转角度大的一次为准，黑表笔接的是集电极，红表笔接的则是发射极。

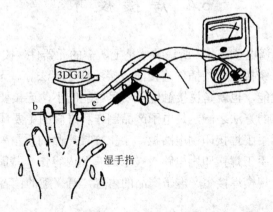

图 6-22　加基极偏置电流用万用表判别发射极和集电极

对于 PNP 型晶体三极管而言，用湿手指接触基极和红表笔，万用表指针偏转角度大的一次，红表笔接的是集电极，黑表笔接的则是发射极。

提示：万用表黑表笔输出表内电池的正电压，红表笔输出负电压，一个手指触及红表笔或黑表笔，另一手指接触基极，这就相当于在基极与集电极间加一个偏流电阻(人体电阻)。

6. 测试晶体三极管电流放大系数 β 值

晶体三极管具有放大性能，这是由它的内部结构决定的。用晶体三极管组成的放大电路有多种，但用得最多的是共发射极放大电路，所以本例介绍此种电路的电流放大系数 β 值(俗称放大倍数)的测试，方法如图 6-23 所示。

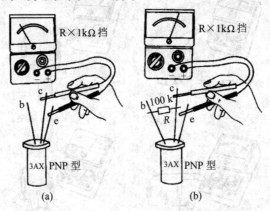

图 6-23　万用表对晶体三极管电流放大系数 β 的测试

以测试 PNP 型晶体三极管为例。将万用表的量程开关拨至 $R \times 1\,k\Omega$ 挡，红表笔接集电极 c，黑表笔接发射极 e，测出阻值，如图 6-23(a)所示。再按图 6-23(b)所示那样，在 c 与基极 b 之间接入一只阻值为 $100\,k\Omega$ 电阻，这时万用表指示的阻值变小，阻值约在 $10\,k\Omega$ 左右。我们希望此时阻值越小越好，阻值越小则表明被测晶体三极管的 β 值越大，即放大能力越强。

对于 NPN 型晶体三极管 β 值的判断，只需将两表笔交换测试即可。

6.4　焊　接　技　术

在电子实习中，装调电子产品，所谓装就是把所需的元器件，按一定的电路连接起来。连接的方法有焊接法、绕接法、接插件连接法、接线柱连接法等。无论哪一种方法，首先要保证有良好的导电性能，也就是说接触电阻要尽可能的小，连接要绝对可靠。

焊接法是采用最多的方法之一，是电子产品制作和维修的主要环节。

电子实习中，采用手工焊接印刷电路板。手工焊接产品的质量差别很大，需要逐步学习、熟练掌握。下面就手工焊接印刷电路板技术的有关内容作一些简单介绍，更详细的内容以及自动化焊接、大规模焊接生产电子产品的内容，有兴趣的读者可以查阅有关资料。

6.4.1　焊料和焊剂

在电子实习中，使用的锡-铅系列(熔点在 450℃以下)的软焊料焊接铜和黄铜等金属(比如印刷电路板)的焊接称为软钎焊。

优质的焊接质量，必须有适当的焊料和焊剂来保证。一般的电子设备，比如收音机、电子仪器等的焊接，绝大多使用锡-铅合金作为焊料，通常称为"焊锡"，因为电子实习中用的焊锡丝中有松香，所以又称松香丝。

锡-铅合金大约在 180～240℃ 以下熔化，如图 6-24 所示，锡-铅合金的温度特性与质量百分比的函数关系图。

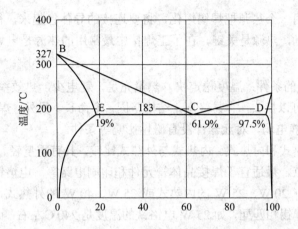

图 6-24　锡-铅合金的温度特性与质量百分比

纯锡的熔点为 A，纯铅的熔点为 B，温度在 B、C、A 三点确定的界限以上时，所有的合金组呈液态，线 BCA 称液相线；温度低于称为固相线的 BECDA 线时，所有的合金组呈固态；在两线之间，合金固液并存，称为塑性区域。焊接必须始终在超过液相线温度的条件下进行，已完成的组件的最高工作温度必须始终低于固相线。

在实际焊接中，必须除去母材金属表面的氧化物和杂质污染物。具体方法有机械方法和化学方法。机械方法是用砂纸或锉刀等将其除去，化学方法是使用焊剂来清除，使用焊剂不会损坏母材而且效率又高。

焊剂的作用是除去氧化物，防止加热时氧化，降低焊料的表面张力。其应具备的条件是熔点低于焊料，表面张力、粘度、比重小于焊料，残渣容易清除，不会产生有毒气体和臭味。通信设备、电子机器等的精密焊接中，还应具备非腐蚀性，高绝缘性，长期稳定性，耐湿性，无毒性。

焊剂分为无机系列、有机系列和树脂系列。松香是树脂系列的一种，由于具备以上全部条件，很久以前就被广泛应用。目前使用的松香焊剂分为以下几类。

松香加活化剂型：采用化学方法在松香中加进活性剂制成，焊接时，活性剂根据加热温度分解或蒸发，只有松香残留下来，恢复原来的状态，保持固有的特性，学生们使用的就是这种。

变性型松香：将松香自身活化，把松香自身中含有的松香亭酸和同族异性体活化，焊接后，温度恢复常温时，松香恢复原状。

树脂型：合成树脂本身就同松香一样，有保护结合面的特性，不仅作用良好，而且分子量大，残渣有优良的电气特性，但是不及前两者好用。

常用的焊剂如氧化锌和焊锡膏因腐蚀性大，虽然去油、去污能力强，但不适合用于电子元件及印制电路板的焊接。

优良的焊料和焊剂使得焊点光亮、圆润、牢固，电气和机械特性都比较优良，而使用质量低劣的焊料和焊剂，则焊点粗糙、无光泽，甚至有麻点、发黑。

6.4.2　焊接工具

所谓的焊接，是用一个热源把焊锡熔化，将要连接的导体包起来，待焊锡凝固后让它们连在一起。由此可见，热源是关键，在手工焊接中最常用的热源是电烙铁。

1. 电烙铁

(1) 电烙铁应具备的条件：温度稳定快，热量充足，耗电少，热效率高，可连续焊接，重量轻，便于操作，可以换头，容易修理，结构坚固，寿命长。另外，焊接电子元器件时，还应具备漏电流小，静电弱，对元器件没有磁性影响等条件。

常用电烙铁分外热式和内热式。内热式与外热式比较，具有重量轻、体积小、发热快、耗电省、热效高等优点。最适宜于焊接晶体管元件和印刷电路等。电烙铁主要以消耗的电功率来区别，常用的有 20 W、25 W 的内热式或 25 W、40 W 的外热式，需要注意的是，电烙铁要和所选用的焊锡相匹配，如 25 W 电铬铁的温度是 240℃左右，而所选松香芯焊锡是 180～210℃之间，正好匹配。

(2) 烙铁头应具备的条件：与焊料的良好导和性，具有良好的导热性和机械加工性能，电子实习中所用的烙铁头为紫铜制成，外镀铬或镍，以防锈蚀，防损耗过快。

烙铁头在第一次使用时，必须将吃锡面打磨干净，微加热后即上松香，加温到能熔化焊锡时，立即把吃锡面上锡。使用时间过长吃锡面的表面会氧化，甚至形成空洞。这时候，应将电铬铁断电冷却后，用锉刀修锉吃锡面并再度上锡后继续使用。吃锡面的形状和氧化程度会影响焊接的质量和效率。正确使用和保养烙铁头是保证优质焊接的基础。

电烙铁是手持工具，所以烙铁的外壳必须有良好的接地，避免由于漏电发生触电事故。使用电烙铁还须小心，避免烫伤。

2. 其他工具

其他工具包括小刀、尖嘴钳、斜口钳、锉刀、钢丝钳、螺丝刀、无感螺丝刀、双连螺丝刀、十字起、镊子、剥线钳等。以上工具可以对印刷电路板、接线架、管脚进行去氧化膜处理、夹持电子元件、剥和剪切线、调整磁芯、松开和紧固螺帽、螺丝等等，是电子实习中常用必备的工具。特别提醒一下，有些印刷电路板，接线架，电子元件管脚是经过处理的，上面已经有一层易焊的薄膜，对此只需使用松香，不需修刮，以免破坏膜层。

6.4.3　焊接工艺

焊接质量取决于材料(Material)，工具(Machine)，方法(Method)，操作者(Man)，称之为4 M。其中最重要的是操作者。

电子实习中的焊接，就是将被焊金属(固体)加热到焊料熔化温度，再填充焊料，使之充分吸收，在被焊金属和焊料和交界处形成合金(金属间化合物)层，做好焊接工艺须遵循以下步骤：

(1) 净化被焊金属。

(2) 将被焊金属加热到焊料熔化温度。

(3) 焊料填到被焊金属的连接面上。

简称为净化、加热、焊接，称为焊接三要素。

1. 焊料的选择

电子实习中选择的是含锡量 40%～60%的中间有单芯松香的松香芯焊丝。须特别注意，松香芯焊丝在焊接时偶尔会产生飞溅，往往引起电气故障，飞溅的原因主要是焊料中的松香急剧加热，导致其中的空气或水分膨胀引起的，也会因为其中活性剂的造气成份引起的。在焊接插件接触面，旋转开关，继电器触点的接点时应注意。

2. 电烙铁的选择

电烙铁的发热量与消耗功率成正比，电子实习中印刷电路板的焊接温度在 250～300℃ 之间，所以选用 20～25 W(内热式)，25～40 W(外热式)，烙铁头温度为 240～320℃。另外，因为电烙铁多用于焊接对静电及漏电敏感的电子元件，所以应选用绝缘电阻在 100 MΩ 以上的烙铁。如有可能，还应选择带接地线的烙铁，若是带变压器的，能将次级的电压降到几十伏后使用，则更为理想。另外，有的元器件使用的是易磁化的铁、镍、钴或其合金制成的引线，所以应该选用磁场强度小于 1 高斯的电烙铁且焊接时烙铁头距被测点 1.3 cm。最近，带温控的电烙铁已被广泛使用。

3. 印制电路板的焊接

(1) 印刷电路板和元器件的处理。首先检查和清理印刷电路板的铜箔面和元器件引线上的涂料及金属氧化物。须注意的是操作者手中的油脂和汗渍的盐分等会腐蚀铜箔及引线，操作时必须小心注意。清理工具一般使用小刀、砂纸、黑橡皮等，元器件引线清理完成后即可上锡。

(2) 元器件引线的成型方法如图 6-25 所示，其图例中，数字的单位为 mm。

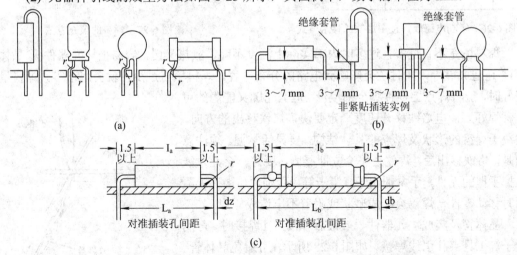

图 6-25 元器件引线的成型

(a) 垂直插装时元器件引线的成型方法；(b) 非贴紧插装实例；(c) 引线的基本成型方法

(3) 器件的插装。把元器件插装到电路板上，避免损坏印制电路板及元器件，另外，还要注意以下几点要求：

① 元器件的插装要注意极性方向，这样有利于读出元器件上的标记，方便维修和检查。

插装元器件一般是紧贴电路板插装，还有些是非紧贴插装的，图纸上标明非紧贴插装的元器件，发热量大的元器件，垂直插装电阻、二极管等轴向引线的元器件，元器件引线的间距与插件孔间距不一致的，因焊接的热冲击可能导致电性能损坏且结构上不能紧贴插装的元器件。非紧贴插装时，元器件与印制板之间尺寸为 3～7 mm。

②　元器件插装后引线打弯方向和剪断。安装座(焊盘)与铜箔电路是连通的，原则上沿电路方向打弯固定，留出 2～3 mm 长，然后用斜口钳剪断。只有安装座(焊盘)而无铜箔电路，应朝其他电路空间大的方向打弯，原则上留出安装座的外周 1 mm 以内剪断。有些元器件的引线是无须打弯而直接剪断引线的，注意焊接时不要脱落。

③　电烙铁焊接印刷电路板。首先是注意温度、热容量及时间。烙铁头的温度最好保持在 250～300℃左右，功率在 20～40 W 之间，焊接时间不宜过长，电烙铁功率瓦数过大，焊接时间过长会引起印制电路板起泡、焦糊、铜箔起皮，严重对锡与铜相互扩散加强，致使铜箔溶解消失。其次是烙铁头的形状以不损伤电路，头部形状为改锥头形的圆角，宽度不小于 1 mm，注意即时修锉，千万不要锉成针状。焊接时，用大拇指，食指，中指像拿笔一样拿住烙铁，对铜箔电路和引线同时加热，如图 6-26 所示，手要稳定，且能自由调整接触角度、接触面积和接触压力，目的是使两个金属均匀、快速受热。最后，当铜箔和引线都达到焊料溶化温度时填充焊料，如图 6-27 所示。

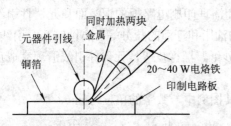

图 6-26　印制电路板焊接中烙铁的接触方式

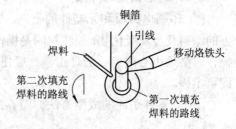

图 6-27　焊料的填充方法

焊料填充不宜过多，过多时内部实际上温度不够，散热又慢，容易损坏元器件(像晶体管)。还造成虚焊，同时还会影响到电路的分布电容。焊料填充过少，就会焊不牢。焊料量正好时，能将焊点上零件脚全部浸没，但其轮廓又能隐约可见。焊好后，电烙铁移开速度一定要快，烙铁移出的方向，取决于焊盘的形状及焊点的具体结构，要灵活掌握。须注意的是，烙铁移出后，焊锡还不会立即凝固，要等一会儿才能放掉手握的元件，手拿的钳子、镊子等。否则，焊锡还未凝固时移动零件，焊锡会凝成砂状或附着不牢造成假焊。

晶体管及集成块元器件一般最后焊接，且焊接时，可用镊子等工具夹住引线焊接，如图 6-28 所示，可避免晶体管、集成块受热时间过长并可散热，减少烧坏的机率。晶体管及集成块的焊接时间尽可能短一些。

电烙铁焊印制电路板时，不要使劲用烙铁擦焊盘，下压焊盘。不要在一点停留长时间加热不动，对散热性差的元件，使用散热工具(如镊子等)。

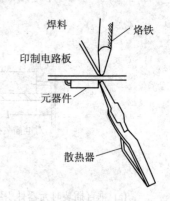

图 6-28　散热片的使用实例

6.4.4　焊接检验和缺陷修复

　　焊点的外观和形状如图 6-29 所示，对于焊好的印制电路板首先进行外观检验。首先是从外观检验是否有以下缺陷，印制电路板焦糊、起泡，铜箔电路划伤、焊伤开路，铜箔翘起、剥离。然后，检查焊点处焊料漫流是否均匀，焊点是否有光泽且平滑，焊料量是否合适，焊接处焊料无裂纹和针孔，注意有无漏焊，焊料拉尖，焊料引起导体间短路，绝缘体划伤，发热体与导线绝缘皮接触等现象，还要注意布线是否整齐，有无焊料飞溅，线头位置是否恰当。外观检验后，用镊子轻拨、轻拉元器件，检查是否有导线脱出，导线折断，焊料剥离、松动等现象。特别注意焊料有无桥接、拉尖、堆焊、空洞等现象。

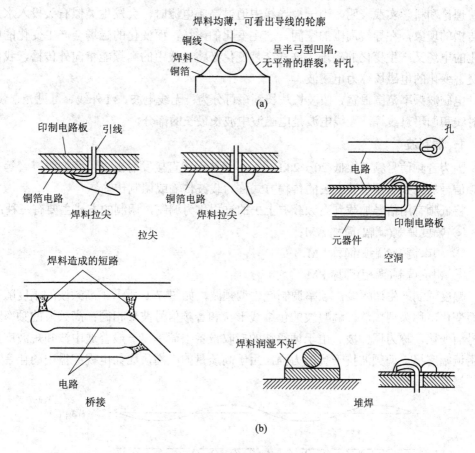

图 6-29　焊点的外观和形状

(a) 良好焊点的外观和形状；(b) 缺陷焊点的外观和形状

　　最后，对发现的缺陷要及时修复、补焊。个别地方需要拆除元器件进行重焊，拆除时可用焊料吸除器清除焊料，拆除后重装，更换元器件后重新对引线清理、上锡、插装、焊接、再检验。对焊接好的印刷电路板进行清理，清除污垢，残渣。总之，焊接是一种实际操作技能，需要在实践中多加练习、体会，最后熟练掌握使用，使焊接出来的焊点光滑、美观，成品性能优异。

第七章 收音机及电话机的组装

7.1 无线电与电磁波

理论和科学实践表明，当一根导线中通过高频电流时，会发生类似石头投入水面后波纹传播的现象，在导线周围的空间，产生变化的磁场，而变化的磁场会产生变化的电场，变化的电场又产生变化的磁场，这样交替变化必将导线中的高频能量向外传播，我们将这种交替变化的电磁场称为电磁波。

电磁波频率范围很宽，按波长从长到短可分为：无线电波、红外线、可见光、紫外线、X射线和伽玛射线等，无线电波是电磁波中波长最长的部分。

1. 调制波

因为音频信号频率很低(20～2 kHz)，不能从天线直接发射出去，我们将声音等有用的低频信号加载到高频载波上去的传输方式称为载波传输或调制传输。

将低频有用信号加载到高频载波上去的过程称为调制，调制的方式主要有三种：

① 幅度调制(调幅)简称 AM；

② 频率调制(调频)简称 FM；

③ 相位调制(调相)简称 PM。

幅度调制产生调幅波，频率调制产生调频波，如图 7-1 所示。高频波的幅度随音频信号而变化，称为调幅波，调幅波的包络线形状和音频信号波形相同；高频波的频率随音频信号而变化，称为调频波。由于调幅波的接收设备很简单，一般普通中波和短波广播都是应用调幅广播。调频波抗干扰能力强，用于高质量的广播，比如电视广播中的伴音、立体声广播等。

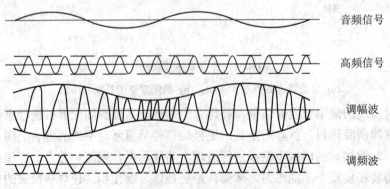

音频信号

高频信号

调幅波

调频波

图 7-1 调幅波和调频波

可见，调制信号就是高频载波和音频信号二者按照某种规律的合成体。

例如，调幅电台；中央 1 台 639 kHz、中央 2 台 720 kHz 就是指它们的高频载波的频率，其为定值。而其所播出的节目(音频信号)可以是各种各样的。

2．广播波段的划分

调幅广播一般分为中波、短波。

中波：535～1605 kHz；短波：4～12 MHz。有的收音机分得更细，划分为 9 个或 10 个波段。

7.2　超外差式收音机原理

S66D 型袖珍超外差 6 管收音机是接收调幅波的设备，接收频率范围在中波段 535～1605 kHz，超外差式接收机具有优良的性能，现已得到普遍的应用，超外差式收音机的特点是：被调谐接收的信号，在检波之前，不管其电台频率(即载波频率)如何，都换成固定的中频频率(我国是 465 kHz)再由放大器对这个固定的中频信号进行放大，这样就解决了对不同频率的电台信号放大不一致的问题，使收音机在整个频率接受范围内灵敏度均匀。同时，由于中频信号既便于放大又便于调谐，所以，超外差式收音机还具有灵敏度高、选择性好的特点。如图 7-2 所示为超外差式收音机工作过程的框图。

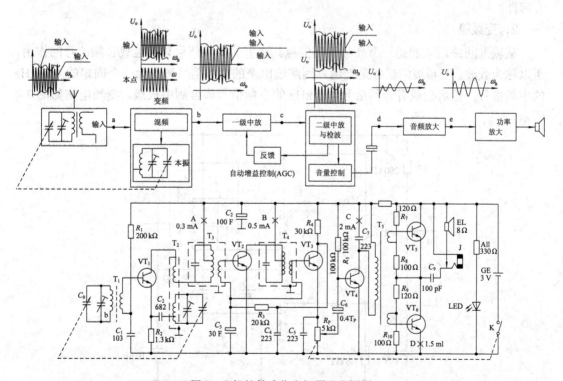

图 7-2　超外差式收音机原理和框图

1．输入电路

输入电路如图 7-3 所示。T_1 是中波段输入调谐回路所用磁棒。线圈 L_1，可调电容 C_A、C_q 组成输入调谐回路。C_q 容量在 $2\sim25$ pF，调整 C_q，可以使输入回路和振荡回路的性能得到改善。C_A 和 L_1 组成谐振回路，因为 C_A 为可调电容，所以这种谐振回路又称调谐回路，在 C_A 以容量从大到小的变化中，可使谐振频率以最低 535 kHz 到最高的 1605 kHz 内连续变化，当外来信号的某一电台频率与调谐电路的谐振频率一致时，调谐电路发生谐振，通过 L_1、C_A 串联回路进行选频谐振，抑制非调谐频率的信号。使 $f_0 = 1/(2\pi\sqrt{LC})$ 的信号在 L_1

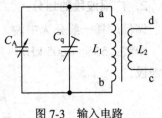

图 7-3　输入电路

上最大，通过磁耦合传递到 L_2 两端，而加到三极管 VT_1 输入端，作为输入信号。

输入电路的主要作用一是选择电台，二是频率覆盖。对于中波段，L_1 为定值，只调节 C_A，当 C_A 全部动片旋入，容量最大时，应使 L_1、C_A、谐振频率为 535 kHz；C_A 全部动片旋出，容量最小时，应使 L_1、C_A 谐振于 1605 kHz，这样才能满足收听中波段全部电台的要求。

半导体收音机的线圈都是绕在磁棒上的称为磁性天线。中波磁棒为锰锌铁氧体材料，一般涂成棕色或灰色。两者不可互换使用，否则效率降低。由于磁棒具有较强的导磁能力，能聚集空间无线电波的磁力线，使灵敏度提高。磁棒必须水平放置。磁性天线具有很强的方向性。

2．变频级

从输入回路送来的是一个高频调幅信号。这里的高频信号只起运载音频信号的作用，所以称为载波。变频级的任务是把输入回路选出的高频信号转变为一个固定的 465 kHz 的中频信号，然后把载有音频信号 465 kHz 的中频信号耦合到中放级。变频电路如图 7-4 所示。

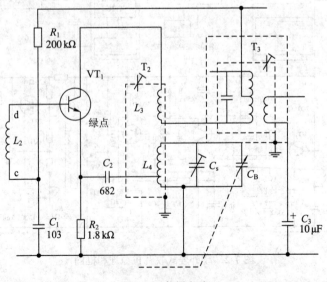

图 7-4　变频电路

为了完成变频的任务，变频级电路必须具备两部分电路：本机振荡电路和混频电路。

1) 本机振荡回路

T_2 是振荡线圈，也称高频变压器，对于变压器来说，只要初级有一个变化的电流(交流电或稳定直流在接通的一瞬间)，在次级上就产生一个变化的电压，在收音机接上电源的瞬间变频管 VT_1 的集电极电流从零增加到一定的数值(如从 0 mA 增加到 0.6 mA)，在这一瞬间，这个变化的电流流过 L_3，通过 L_3 和 L_4 的互感作用，在由 L_4，C_B、C_s 组成的振荡回路中，便产生了感应电流，导致这个振荡回路产生电振荡(本机振荡)，在回路的两端就形成振荡电压，通过 C_2 的耦合作用，加到三极管 VT_1 发射极，于是形成了输入振荡电流 I_b，I_b 经过三极管的放大，便在集电极上产生一个放大了的振荡电流 I_c，I_c 通过 L_3 和 L_4 的互感作用，又在 L_4 中产生振荡电流 I_b，于是加强原来的高频振荡。如果反馈的能量能够补偿振荡回路的损耗，就会使振荡电路产生高频振荡。本机振荡电路的频率稳定性非常重要。在此，振荡电路频率的稳定性与晶体管的动态稳定性有关。

L_4 上采用抽头的方式，目的是为了使 Q 值尽量高一些，这样，即可使电路比较容易起振，又可使振荡稳定，抽头的位置，应按晶体管的输入输出阻抗近似值匹配的原则去选取。

C_B 为双联振荡联，它与输入回路的 C_A 是同轴双联，它的振荡频率总是比输入回路的振荡频率(电台信号)高一个中频，即 465 kHz。调节振荡线圈 T_1 的磁芯，可以改变低端的频率，即 C_B 旋到容量最大时(全部旋进)的振荡频率，与 C_B 并联的 C_s 称为振荡微调电容(俗称"补偿电容")，调节它的电容量可以显著地改变高端的振荡频率，即 C_B 旋到电容量最小(全部旋出)时的振荡频率，其电容量的变化范围一般在 5～20 pF。

2) 变频电路的分析

变频级的任务是把调谐回路选出来的高频信号变为一个 465 kHz 的中频信号，外来的高频调幅信号经 L_2 耦合到基极和发射极回路中，而从集电极和发射级回路输出。而本机振荡回路的高频调幅振荡信号也加在发射极和基极回路中，从集电极和发射极回路输出，结果在集电极电流中包含外来信号和本机振荡两种频率。当这两种不同频率的信号在同一时间从基极进入三极管的输入回路以后，根据晶体管的非线性特性，就会在集电极中输出 $f_{外}$、$f_{振}$、$f_{振}+f_{外}$、$f_{振}-f_{外}$ 等多种频率的混合信号，其中 $f_{振}-f_{外}=465$ kHz 正是中放所需要的中频信号。

为了选择出 465 kHz 的中频，并同时衰减集电极中的其他频率信号，在集电极电路中并联了由第一中频变压器(T_3，俗称"中周")的输入端组成的谐振电路，中频变压器谐振于 465 kHz，使 I_c 中 465 kHz 的电流在此两端产生很高的谐振电压，通过耦合电路，耦合到次极，对于其他频率，由于它们的谐振阻抗很低，几乎没有电压耦合到次极。这样，就达到了选频的目的。

3) 变频管工作电流的选择

实验证明，I_c 一般取 300～500 μA 较好，此时振荡电压约为 150～250 mV，变频增益可达 20 dB 以上，噪声也不大。

工作电流的数值靠调整偏流电阻 R_1 的数值得到，应当指出，并非增加工作电流就能提高变频增益，因为变频工作是靠晶体管的非线性特性，若工作电流太大，管子就会工作于线性区域，完成不了变频或者频率大大降低，因而使变频增益也大大降低，噪声增加。

3. 中频放大、检波、自动增益电路

中放、检波、自动增益电路图如图 7-5 所示。

1) 中放电路

中频放大器在超外差收音机中是最重要的一环，它决定了收音机的灵敏度和选择性，以及自动音量控制特性。

对中频放大电路晶体管及其工作点选择：$I_c = 500 \sim 800\ \mu A$。如图 7-5 所示 T_3、T_4 为中频变压器，分别与电容并联，它们的谐振频率都调为 465 kHz，作为三极管 VT_1、VT_2 的集电极负载，因此，在频率为 465 kHz 时阻抗最大，放大器的放大倍数也最高。从而，把变频级输出端的多种频率中选出的中频信号进行放大。

2) 检波

检波又称为解调，是调制的反过程。中放、检波、自动增益电路如图 7-5 所示，VT_2 工作于放大状态，而 VT_3 静态工作点在截止区边缘，因此将调幅信号削去一半，然后由电容 C_4 和 C_5 将中频载波滤除，VT_3 即起检波作用，又对信号半周进行放大。VT_3 为射极跟随器，检波后的音频信号由其发射极电阻 R_{PB} 上输出。

3) 自动增益控制

自动增益控制(AGC)的作用，就是在收听强弱不同的电台时音量不至于发生明显地忽大忽小的变化。在图 7-5 中，R_3 是自动增益滤波电阻，C_3 是自动增益滤波电容。检波后，在 R_4 和 R_{PB} 上输出的是交直流叠加量。当信号很强时，VT_3 的集电极电位下降，通过 R_3 接到 VT_2 和 VT_3 的基极，使它们的基极电位下降，促使放大倍数下降，起到压低强信号，自动控制输出信号的作用。

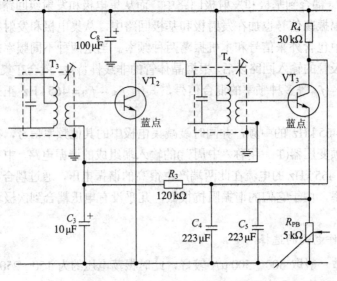

图 7-5　中放、检波、自动增益电路

4. 低频放大和功率放大电路

低频放大和功率放大电路如图 7-6 所示。图中由电位器选择出的音频信号输入由 VT_4

组成前置低放级，由 VT₅、VT₆ 组成推挽放大器。T₅ 为输入变压器，具有隔直、传交、和转换阻抗的作用。

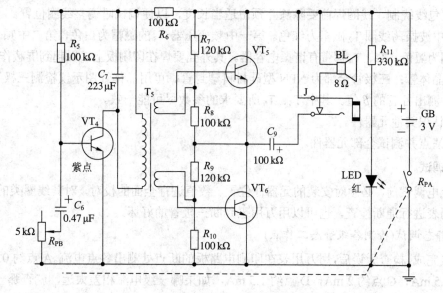

图 7-6　低频放大和功率放大电路

7.3　S66D 型六管超外差调幅收音机的组装与调试

中夏牌 S66D 收音机的电原理图如图 7-7 所示。

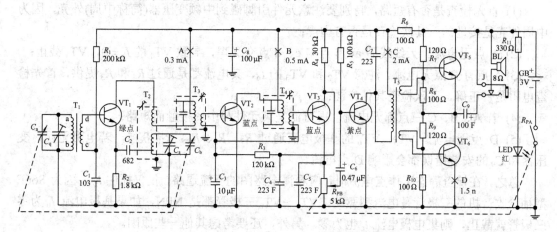

图 7-7　中夏牌 S66D 收音机电原理图

1. 组装

认识主要元件：

(1) 可变电容器：一般小型收音机使用的可变电容器为塑封差容双联电容器，振荡联为 3～60 pF，天线联为 5～127 pF，有两个微调电容分别与其并联，分别标有"O"，"A"，标有"G"的一端为接地端。动片全部旋入时，电容量最大。

(2) 天线线圈：天线线圈由磁棒和线圈组成，线圈要套入磁棒并能左右移动，线圈用高强度漆包线绕制，线圈焊前要除漆并预留适当长度，以便调试时调整线圈位置。

(3) 中波振荡线圈 T_2 磁帽为红色。第一中频变压器 T_3 的磁帽为白色，第二中频变压器 T_4 的磁帽为黑色，T_3、T_4 都带有谐振电容器。其外壳要焊在印刷板上，以起到屏蔽作用。

(4) 晶体管：三极管全部为 NPN 型硅材料塑封管。可用晶体管图示仪检测三极管特性曲线，并测出各管的 β 值。其中 T_5、T_6 所要求的参数尽可能一致。

(5) 认识其他元器件。

(6) 清点并测试全部元器件。

2．调试

在上电调试前，必须对安装的元器件位置、数值进行全面的校对，对其线圈类的器件，要用万用表进行通断检查，也可以用万用表判断三极管的好坏。

1) 静态调试(检测各级静态工作点)

焊接完成，检查无误后，用万用表在印刷电路板的断点处测出各点电流。A 点约 0.3 mA，B 点约 0.5 mA，C 点约 2 mA，D 点约 1.5 mA，如果哪一级电流相差太远，就查那一级。

测定静态工作点后，把断点焊好，音量电位器开到最大，调谐电台和改变磁棒的方向，此时应该能收听到电台的声音，如果听不到就从后往前逐级检查，先从低放级开始，用手捏住改锥的金属柄去触碰音量电位器的中点，注入人体感应信号，如果扬声器有声音，说明低放级以后没有问题，再依次去触碰中放和变频级的三极管的基极，越往前声音越大，哪一级无声，问题就出在那一级。

在元器件完好的情况下，出现无电流现象时的原因可能为：

(1) 首先检查是否有短路，特别要注意元件引脚碰到中频变压器(简称中周)外壳，因为中周外壳是接地的，其次检查是否有虚焊；

(2) A 点无电流。天线线圈 a、b 点与 c、d 点交叉焊，导致 VT_1 的 $I_b = 0$，VT_1 截止；

(3) A 点有 B 点无电流。注意 VT_2 和 VT_3 的 I_b，其电流都是通过 R_4 和 R_3 提供，首先检查电阻是否正确，其次检查其他方面；

(4) 若 A、B、C 三点都无电流，很可能是某元件与中周接触而短路；

(5) D 点无电流。VT_5、VT_6 的基极电流通过 R_7、R_8、R_9、R_{10} 获得，若电阻无误，变压器和 C_9 的安装错误都会影响 D 点电流。

总之，在检查静态工作点电流时，应看懂电路图的直流通路，仅仅抓住 I_b，因为 S66E 型袖珍收音机的三极管是电流型驱动，$VT_1 \sim VT_6$ 三极管都是 NPN，如果基极电流 I_b 为零三极管就截止，则集电极电流 I_c 也为零。另外，还要考虑其他一些原因。

若四点的静态工作点电流基本符合要求，在焊好四点后，检查信号通路(即交流通路)。

若元器件安装正确，焊接也没有问题，一般装上电池就可以接收到电台的播音。若不能，则要逐级检查。在有本机振荡和中周正常的情况下，可能的原因大致有以下几种：

(1) 天线线圈 a、b、c、d 四点，由于线圈头的漆没有去除产生的假焊，天线接收的信号不能进入 VT_1；

(2) 由于喇叭与耳机插座是并联连接，耳机插座虚焊或短路，造成声音信号不能经过喇叭；

(3) 由于可变电容的焊片比较大，焊接时产生假焊，造成没有 LC 振荡；

(4) 中周的引脚和音频变压器的引脚，都是固定在塑料支架上，由于焊接时间过长，导致引脚线脱落，信号不能通过。

总之，在检查交流通路时，情况相对直流通路要复杂些，一方面器件的质量，如中周的谐振频率不对，三极管的放大倍数等，另一方面是锡焊质量，如虚焊、不该连接的焊点间的连接，焊接时间过长，器件损坏等，这些都可能引起信号通路发生故障。在这里应当注意，电容器是信号的通路，极性或焊接不好都会影响信号通路。

2) 动态调试

此处只介绍利用电台信号来调整收音机。

中频频率的调整：将各中频变压器(中周)的调谐频率调到规定的 465 kHz，从而使收音机达到较高的灵敏度和较好的选择性。其方法如下：

(1) 先转动双联可变电容器收听一个电台，用无感改锥(胶木、塑料、不锈钢等材料制成)微调节中周的磁芯，使声音达到最大。由后往前，先调 T_4，后调 T_3，调到声音最大为止。如此反复细调 2～3 次，中频就调好了。

(2) 校准频率刻度。在调整中首先装好刻度盘，在低端选一个电台(例如：630 kHz)，把双联旋在刻度为 630 kHz 的位置，调振荡线圈 T_2(红色)的磁芯，收到这个电台，并调到声音较大(一般来说，如果在指针偏小于 630 kHz 处收到这个台，说明振荡线圈的电感量不足，可将振荡线圈的磁帽旋进一些，反之，可将磁帽旋出一些)。然后在高端(1400～1600 kHz)，选一个已知频率的电台，参考刻度盘将双联旋在这个频率的刻度上，调节振荡回路中微调电容 C_s 收到这个电台并将声音调大。由于高、低端的频率在调整中会互相影响，所以低端调电感磁芯，高端调电容的工作要反复做几次才能最后调准。

(3) 三点统调。统调的目的，是当收音机收到任意电台后，本机振荡频率能始终比接收信号高一个固定频率 465 kHz，同时天线线圈谐振在电台频率上。但是要达到整个频段处处如此是比较困难的。目前只有高端、中端、低端三点达到上述要求。我们通过调节输入回路的磁性天线和微调电容，使输入回路在三点上(600 kHz，1000 kHz，1500 kHz)比本机频率低 465 kHz，实现三点跟踪，收音机灵敏度达到最高。中间一点的跟踪是设计电路时应予以保证的，实际上只需要调整低、高两点即可。在低段选一个电台，调整天线线圈在磁棒上的位置，使声音达到最大，再在高端找到一个电台，调整输入调谐回路中的微调电容 C_q，使声音达到最大，如此反复调整几次，即完成统调。

7.4　按键式电话机原理与电路分析

7.4.1　通话原理及电路分析

按键电话机主要由叉簧、振铃电路、极性保护电路、拨号电路、通话电路和手柄组成。

按键式电话机电路方框图如图 7-8 所示。

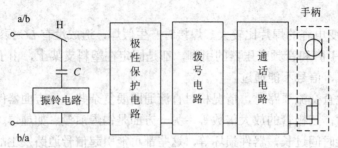

图 7-8　按键电话机电路方框图

　　振铃电路：它把交换机送来的 25 Hz 铃流变成直流，然后再产生两种频率不同的信号，驱动扬声器或压电陶瓷蜂鸣器发出悦耳的声音。

　　极性保护电路：它的主要作用，是把 a/b、b/a 线上极性不确定的电压变成极性固定的电压，以确保拨号电路和通话电路所要求的电源极性。

　　拨号电路：它是由拨号专用集成电路、键盘和外围电路组成，它可以把键盘输入的号码变成相应的脉冲或双音多频信号送到线路上，同时能发出静噪信号来消除拨号时在受话器中产生的"咔咔"声。

　　通话电路(或者称作传输电路)：它主要发挥 2/4 线转换、消侧音和放大接收与发送信号的作用。

7.4.2　振铃电路

1. 振铃电路的工作原理

　　振铃电压是 25 Hz 的交流电压，而电子器件需要极性确定的直流电压才能正常工作，因此必须首先把交流电变成直流电，供给可产生两种不同频率的振荡器使用。由此可见，振铃电路必须由整流电路和振荡电路组成，振铃电路方框图如图 7-9 所示。

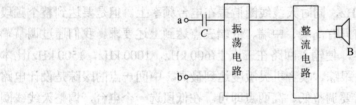

图 7-9　振铃电路方框图

　　线路送来的 25 Hz 交流电压送到整流电路，经整流、滤波后，变成比较平滑的直流电压。把此直流电压加到振荡电路上，振荡器振荡，由功率输出级输出交替的两种不同频率的电压驱动线圈式扬声器或压电陶瓷式扬声器，发出悦耳的声音。电容 C 是隔直电容，它把线路上的直流电压同振铃电路隔开，只允许交流振铃电压通过。

2. 振铃专用集成电路

　　KA2411 是振铃专用集成电路，它由 4 部分组成：有滞后作用的电源、低频振荡器、高频振荡器和功率放大器。KA2411 引角图如图 7-10 所示。引出脚排列为 1 脚(V_{CC})是正电源输入脚；2 脚(TR)是触发输入脚；3 脚(CL)是低频振荡器的外接电容器脚，改变电容器的容量可以改变低频振荡器频率；4 脚(RL)是低频振荡器的外接电阻脚，改变电阻的阻值可以改变低频振荡器频率；5 脚(V_{SS})是接地脚；6 脚(RH)是高频振荡器的外接电阻脚，改变电阻的阻值可以改变高频振荡器的频率；7 脚(CH)是低频振荡器的外接电容器脚，改变电容器的容量也可以改变高频振荡器的振荡频率；8 脚(OUT)是输出脚。

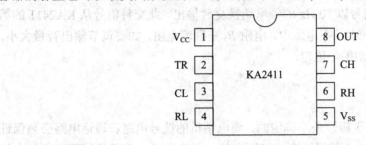

图 7-10 KA2411 引脚图

3. 实际应用电路分析

由 KA2411 组成的振铃电路如图 7-11 所示。

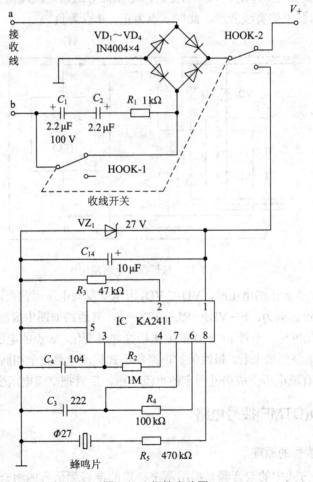

图 7-11 振铃电路图

由线路送来的交流振铃电压加至 a、b 输入端，由隔直电容 C_1、C_2 和限流电阻 R_1 降压后，送至由 $VD_1 \sim VD_4$ 组成的桥式整流电路进行整流，直流电压供给 KA2411 使用。VZ_1 为保护用稳压二极管，它可以把输送到 KA2411 的直流电压限制在 29 V 以下，从而保证 KA2411 的工作安全。整流后的直流电压只要超过启动电压(即起振电压)振荡器便开始振荡，512 Hz 和 640 Hz 输出信号以 10 Hz 的频率切换交替输出，此交替信号从 KA2411 的第 8 脚输出，经 R_5 送到发声蜂鸣片。在电路中，电阻 R_5 是限流电阻，如要调节输出音量大小，可以在 R_5 之前增加一个 10 kΩ 的电位器。

7.4.3 极性保护电路

外线进来时，a/b 线的电压极性是不确定的，而电话机的拨号电路和通话电路必须保证合适的工作电压，而且供给电压的极性应该是固定的。极性保护电路就是把不确定的电压变成极性固定的电压。极性保护电路图如图 7-12 所示。图中 VD_1、VD_2、VD_3 和 VD_4 是整流二极管，拨号和通话电路是负载(用 RL 表示)。当 a、b 端加上 a 正、b 负的电压时，VD_1、VD_4 承受反向电压而截止，VD_2、VD_3 承受正向电压而导通。电流流向为：a→VD_2→RL→VD_3→b，其通路如图中的实线所示。此时 c 点为正，d 点为负。

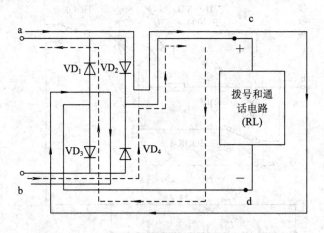

图 7-12 极性保护电路图

当 a、b 端加 a 负 b 正的电压时，VD_2、VD_3 因承受反向电压而截止，VD_1、VD_4 承受正向电压而导通。电流流向为：b→VD_4→RL→VD_1→a，其通路如图中虚线所示。此时 c 点为正，d 点为负。由此可见，不管 a、b 端的电压极性如何变化，c 点的电压总是正的，d 点的电压总是负的。从电路组成来看，极性保护电路和桥式整流电路完全相同，但作用完全不同，前者把极性不定的直流电压变成极性固定的直流电压，后者把交流电压变成直流电压。

7.4.4 双音多频(DTMF)拨号电路

1. 双音多频拨号的原理

双音多频拨号方式中的双音频是指用两个特定的单音频信号的组合来代表数字或者功能。两个单音频的频率不同，所代表的数字和功能也不同。在双音多频电话机中有 16 个按键，其中有 10 个数字键 0~9，6 个功能键，*、#、A、B、C、D。按照组合的原理，它必须有 8 种不同的单音频信号。由于采用的频率有 8 种，故又称之为多频。又因从 8 种频率中任意抽取两种进行组合，又称其为 8 中取 2 的编码方法。

国际上采用 697 Hz、770 Hz、852 Hz、941 Hz、1209 Hz、1336 Hz、1477 Hz、1633 Hz 这 8 种频率。它们分成两个群，即高频群和低频群。从高频群和低频群任意各抽出一种频率进行组合，共有 16 种不同的组合，代表 16 种不同的数字或功能。双音多频组合功能表见表 7-1。

表 7-1　双音多频组合功能表

数字或功能　高频群 Hz / 低调群 Hz	1209	1336	1477	1633
697	1	2	3	A
770	4	5	6	B
852	7	8	9	C
941	*	0	#	D

2．双音多频拨号集成电路

本话机选用了 HM9102D 拨号集成电路。其引脚和键盘排列如图 7-13 所示。

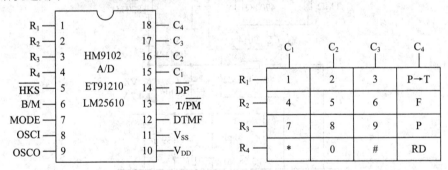

图 7-13　引脚图和键盘排列图

图中键盘功能键说明：

P−T 键是脉冲至音频的转换键；

F 键是 "R" 键，按一下该键可使线路中断 73 ms 或 600 ms；

P 键是暂停键；

RD 键是重拨键。

引出脚功能说明：第 1、2、3、4 脚(R_1、R_2、R_3、R_4)和第 15、16、17、18 脚(C_1、C_2、C_3、C_4)是键盘输入脚。它可以与标准的 8 中取 2 的单接点键盘相接，也可以采用电子输入。

第 5 脚($\overline{HKS}$)是启动脚。在挂机状态，$\overline{HKS}$ 为高电平，拨号集成电路处于等待方式，禁止键盘输入，此时拨号集成电路的电源消耗最小。在摘机状态下，$\overline{HKS}$ 为低电平，拨号集成电路被启动，可以进行正常的键盘输入。

第 6 脚(B/M)是断/续比选择脚。当 B/M 脚接 V_{DD} 时，断/续比为 2∶1(F 键的中断线路的时间为 100 ms)，当 B/M 脚接 V_{SS} 时，断/续比为 1.5∶1(F 键的中断线路的时间为 600 ms)。

第 7 脚(MODE)是拨号方式选择脚。当 MODE 脚接 V_{DD} 时，为脉冲拨号方式。当 MODE 脚接 V_{SS} 时，为音频拨号方式。

第 8、9 脚(OSCI、OSCO)是芯片内部反相器的输入和输出脚，在这两脚之间接 3.58 MHz 的晶振，就和芯片内部的反相器构成振荡器，由该振荡器给电路提供时钟信号。

第 10 脚(V_{DD})是正电源输入脚，允许工作的电压范围为 2.0～5.5 V。

第 11 脚(V_{SS})是接地脚。

第 12 脚(DTMF)是音频信号输出脚。在音频拨号方式下，当有键盘输入时，该脚输出与键入号码的行、列对应的音频信号相一致。

第 13 脚(T/$\overline{PM}$)是静噪输出脚。该脚输出是 N－沟道场效应管漏极开路输出脚，该脚需通过一个外接电阻接 V_{DD}。在摘机不拨号时，该脚为高电平(芯片内的场效应管截止)；在拨号期间，该脚为低电平(芯片内的场效应管导通)。

第 14 脚($\overline{DP}$)是脉冲输出脚。

3. 实际应用电路分析

实际应用电路：拨号电路如图 7-14 所示。

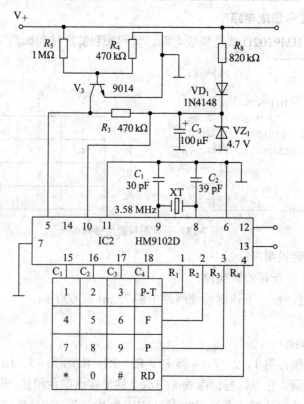

图 7-14　拨号电路图

下面分析一下图中电话机拨号电路。

(1) 启动电路。它的作用就是根据集成电路的要求提供启动电平。这里所采用的方法是：用晶体三极管电阻分压式开关电路控制拨号集成电路启动脚的电平。当用户摘机，叉簧开关闭合，环路被接通，三极管 V_3 导通，$\overline{HKS}$ 为低电平(0.1 V 以下)，HM9102D 被启动，可以接收键盘输入。该电路由 R_5、R_4 和 V_3 等组成。

(2) 电源电路。它的作用就是根据集成电路的要求提供 2.0~5.5 V 的输入电压。该电路由 R_8、VD_1、VZ_1、C_3 等组成。其中 R_8 为限流电阻，VD_1 为恒流二极管，VZ_1 为稳压管，其稳定值在 3~5 V 之间，为拨号集成电路提供合适的工作电压。C_3 起到电源滤波和储能的作用。

7.4.5　通话电路

1. 通话电路的工作原理

通话电路主要由消侧音电路 A_1 发送放大电路、A_2 接收放大电路、B_1 送话器、B_2 受话器等组成，如图 7-15 所示通话电路方框图。在按键式电话机中，大多采用驻极体送话器，因为这种送话器灵敏度低，所以必须进行放大才能满足发送电平的指标要求。在受话部分，因为采用无变量器设计，使得受话音量降低很多，为了提高受话音量，所以必须把送来的话音信号进行放大。受话器 B_2 和送话器 B_1 串联，在通话时，电流流过 B_1 也流过 B_2。在自己的受话器中可以听到很响的自己讲话的声音，这种声音通常称为侧音。这种侧音会使发话人感到刺耳、心烦，使听觉疲劳，有必要对该侧音进行消除。

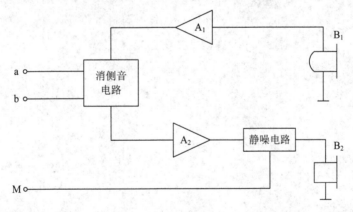

图 7-15　通话电路方框图

2. 实际应用电路分析

实际应用电路如图 7-16 所示通话电路图。

(1) 发送放大电路。图 7-16 中发送放大电路由 R_1、C_1、R_6、V_1、R_5、R_{10} 等组成，R_1 和 C_1 给驻极体送话器提供直流工作电源，R_{10} 是驻极体中场效应管漏极电阻，R_6 用来调整输入到放大器的信号大小，它们与 V_1 等组成放大器，改变 R_5 的阻值就可以改变该放大器的放大量。

(2) 接收放大电路。图 7-16 所示为一种电压并联负反馈电路，R_7 和喇叭是三极管 V_4 的集电极负载，R_8 既是 V_4 的偏置电阻，又是负反馈电阻，C_3 是耦合电容，C_4 起大信号限幅作用，可以消除由于强信号在受话器中产生的"咔咔"声。

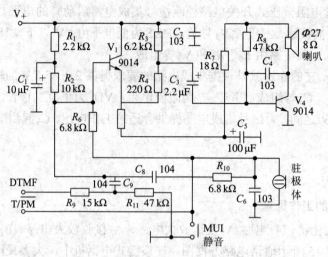

图 7-16　通话电路图

(3) 消侧音电路。消侧音电路是电话机通话电路的核心部分，消侧音电路是对交流信号而言的，对于滤波电容 C_5，可以看做交流短路。只要接收放大器的输入信号 $U_{CD} = 0$，受话器就不会发出声音。

R_3、R_4、R_5 和 C_5 组成消侧音电路，平衡网络用一个电阻 R_3 构成(公式推导和计算从略)。